Frauke Daerr

Einmal Berner
Immer Berner

Frauke Daerr

Einmal Berner
Immer Berner

Das Leben mit einem Berner Sennenhund

Mit einem Geleitwort vom

Dr. Beate Forsbach

Edition Forsbach

Bibliografische Information der Deutschen Nationalbibliothek
Die Deutsche Nationalbibliothek verzeichnet diese Publikation in der Deutschen Nationalbibliografie; detaillierte bibliografische Daten sind im Internet über http://dnb.dnb.de abrufbar.

Edition Forsbach
Hundebücher mit Herz

www.edition-forsbach.de

Hundebücher mit Herz: Band 5

Druck und Bindung: CPI Druckdienstleistungen GmbH
Ferdinand-Jühlke-Str. 7, 99059 Erfurt

Printed in Germany
ISBN 978-3-95904-281-9 (Print)

Das Schönste, was ein Berner Sennenhund hinterlassen kann, ist ein Lächeln im Gesicht derjenigen, die an ihn denken.

In Memory an all unsere geliebten Berner Sennenhunde, unsere Plüschmonster, unsere Herzenshunde.

Inhalt

Geleitwort von Beate Forsbach

Liebe Leserin, lieber Leser,

es gibt Begegnungen im Leben, die unser Herz berühren und die Welt für immer ein wenig heller machen.

So war es, als ich zum ersten Mal einem Berner Sennenhund begegnete. In seinem Blick lag Güte, Vertrauen und eine stille Weisheit, die mich tief bewegte. Wer jemals einen Berner in sein Leben aufgenommen hat, weiß, wie besonders diese Hunde sind – sanft, treu, geduldig und voller Liebe.

Meine erste Berner Sennenhündin Senta wurde zu meiner Seelenhündin. Als sie starb, schien die Welt unterzugehen, und ich konnte mir kaum vorstellen, wieder einen neuen Berner Sennenhund zu haben. Doch dann kam Frieda …

Seit meine Frieda – eine wunderschöne Berner-Dame aus der Zucht von Frauke Daerr – an meiner Seite lebt, weiß ich, dass diese Hunde nicht einfach nur Begleiter sind. Sie sind Seelenfreunde.

Frieda schenkt mir jeden Tag Freude, Gelassenheit und Geborgenheit. Sie lehrt mich, im Moment zu leben, achtsam zu sein und das Leben mit offenen Augen und offenem Herzen zu genießen.

Darum hat mich das Buch *Einmal Berner – Immer Berner* von Frauke Daerr ganz besonders berührt.

Frauke ist nicht nur eine erfahrene Züchterin, sie ist eine Frau mit großem Herzen und tiefer Liebe zu ihren Hunden. Mit Wärme, Humor und Einfühlungsvermögen erzählt sie in diesem Buch von ihrem Leben mit den Berner Sennenhunden – von kleinen und großen Momenten, von Glück und Trauer, von Nähe und Vertrauen.

Man spürt in jeder Zeile ihre Hingabe, ihre Achtsamkeit und den Respekt, mit dem sie ihren Hunden begegnet. Jeder ihrer Berner ist ein Herzenshund, jedes neue Leben ein Geschenk.

Und wer das Glück hat, einen Hund aus ihrer Zucht in sein Leben zu holen, spürt sofort: Diese Tiere sind getragen von Liebe.

Dieses Buch ist weit mehr als eine Liebeserklärung an eine Hunderasse. Es ist ein Buch über das Leben selbst – über Freundschaft, Dankbarkeit, Loslassen und die Gewissheit, dass Liebe niemals vergeht. Es berührt Herz und Seele, weil es zeigt, wie tief die Verbindung zwischen Mensch und Tier sein kann.

Ich bin dankbar, dass Frauke Daerr mit Frieda ein Stück ihres Herzens in mein Leben gebracht hat – und dass sie mit diesem Buch ihre Liebe zu den Berner Sennenhunden mit der Welt teilt. Für mich ist Frauke Daerr eine Hundezüchterin mit Herz – und ich bin sehr glücklich, dass sie ihr Buch in meinem Verlag veröffentlicht hat.

Einmal Berner – Immer Berner. Wer einmal einem Berner sein Herz geschenkt hat, weiß, dass diese Liebe bleibt – für immer.

Ich wünsche dir viel Freude beim Lesen dieses Buches.

Herzlichst
Deine Beate Forsbach

Dr. Beate Forsbach, *Dr. phil., geb. 20. Mai 1952 in Weddinghusen/ Norderdithmarschen, ist Autorin und Verlegerin und lebt mit der Berner Sennenhündin Frieda in der Weltkulturerbestadt Bamberg. Sie berät Menschen, die ein eigenes Buch veröffentlichen möchten und unterstützt sie auf dem Weg von der Idee bis zur Publikation. Sie hilft angehenden Autoren, ihren Traum vom eigenen Buch zu verwirklichen und ihre einzigartige Geschichte in einem Buch zu veröffentlichen.*
www.beateforsbach.de

Vorwort

Mein Name ist Frauke Daerr. Ich bin seit 2005 Besitzerin eines Reiterhofes, zu dem eine kleine Ferienanlage mit fünf Blockhäusern gehört. Auf dem Reiterhof leben ca. 40 Pferde und Ponys, drei Ziegen, drei Katzen, sechs Hühner und im Moment neun Hunde, davon sechs Berner, zwei Malteser und Emma, meine Labradorhündin, die beim DRK geprüfter Rettungshund ist.

Ich habe mir mit meinem bzw. für meine Berner ein kleiner Paradies geschaffen. Meine Berner haben eine Hundeklappe im Haus und vor dem Haus einen großen Auslauf. Somit können alle Berner, ab einem gewissen Alter auch die Welpen, Tag und Nacht rein- und rauslaufen, wie sie möchten. Die Berner können draußen schlafen oder bei mir am Bett.

Seit 1998 habe ich Berner Sennenhunde in meinem Leben und möchte diese Rasse nicht mehr wegdenken. Es ist wie eine Sucht, ohne sie geht es nicht mehr. Aber wie kam ich zum Berner? Warum gerade der Berner Sennenhund? Warum so eine große, kräftige Rasse? Warum hat mich dieses Fieber so erwischt und warum züchte ich diese Rasse?

Als Kind hatte ich unwahrscheinlich viel Angst vor Tieren, egal, was meine Eltern auch gemacht haben, sie mussten um jeden Stall einen großen Bogen machen, egal, ob Pferde aus den Fenstern schauten oder ob es ein Kuhstall war, wo die Kühe muhten und aus dem Stall schauten. Wir konnten an dem Stall nicht vorbeigehen. Es war nichts zu machen. Meine Eltern mussten einen Umweg gehen.

Kam uns ein Hund auf dem Bürgersteig von vorne entgegen, so mussten meine Eltern mit mir die Straßenseite wechseln, und an einen Zoobesuch war gar nicht zu denken. Keiner wusste, woher diese Angst kam und was sie einmal ausgelöst hatte. Meinen Eltern war es ein Rätsel.

Meine Familie fuhr jedes Jahr nach Adelboden in die Schweiz. Wir hatten da immer ein Ferienhaus mit zwei Ferienwohnungen für meine Großeltern und meine Familie gemietet. Dort mussten meine Eltern damals die Hirschgeweihe von den Wänden abhängen und in dem Schrank verstecken, weil ich, als ich das erste Mal in das Wohnzimmer kam und die Hirschgeweihe an den Wänden sah, einen Schreianfall bekommen habe.

Ich bin nicht wieder ins Wohnzimmer gegangen, bevor nicht alle Geweihe im Schrank verstecken wurden. Es war nichts zu machen. Erst als alle Geweihe verschwunden waren, habe ich mich wieder blicken lassen. Im Nachhinein war es total lustig, aber an einem Tag, als ich etwas gesucht habe, habe ich aus Versehen den Schrank aufgemacht, in dem die Geweihe lagen … Schreianfall!!! Es war Drama pur. Heute lachen wir alle über diese Geschichten, gerade weil es heutzutage eigentlich unvorstellbar ist, dass ich früher totale Angst vor Tieren hatte.

Wenn man die heutige Lage sieht … ich habe so viele und vor allem große Tiere, da würde man nie auf die Idee kommen, dass ich mal Angst vor Tieren hatte und Schreianfälle bekam, wenn ich ein Tier auch nur von weitem gesehen habe.

Aber wann kam der Wendepunkt? Es war auch wieder im Urlaub.

Unsere Familie war im Urlaub in Frankreich auf der Belle-Île-en-Mer, einer kleinen Insel vor der französischen Atlantikküste. Wir hatten ein kleines, ganz einfaches Ferienhaus mit einem Plumpsklo im Garten unterm Feigenbaum in dem Ort Kervilahouen.

Die Erwachsenen konnten, wenn sie auf dem Plumpsklo saßen, die Tür vom Klo nicht schließen, weil sie sonst nicht wussten, wohin mit ihren Knien. So saßen die Erwachsenen in einem zugewachsenen Garten, bei offener Tür auf dem Plumpsklo und genossen morgens den Sonnenaufgang. Es musste immer ein Eimer Wasser dastehen, um einmal „nachzuspülen“.

Auf alle Fälle hatte damals in Frankreich die Katze der Nachbarn Katzenbabys, und die brachten den Durchbruch. Durch diese Katzenbabys verlor ich die Angst vor Tieren. Jeden Tag musste mein großer Bruder Jens mit mir zu dieser Katzenmama und ihren Babys zum Kuscheln gehen. Jeden Tag mussten wir an einem, für mich als Kind, gefährlichen Hund vorbei, bis zu den Katzenbabys. Diese Katzenbabys nahmen mir die Angst, die Angst vor Tieren.

Als wir wieder in Deutschland waren, durfte bei uns gleich ein Katzenbaby, Minouch, einziehen. Meine Eltern wollten das ausnutzen und dranbleiben, damit die Angst nicht wieder kommt.

Aber das Eis zu den Tieren war gebrochen. Danach kamen Vögel, Hasen und 1989 ein Hund, ein schwarzer Teddybär - Hannibal - ein Chow-chow mit Schäferhund Mix, lieb, aber speziell. Auf uns Kinder hörte er schon mal gar nicht. Aus meiner heutigen Sicht würde ich sagen, wir Kinder hatten keine Ahnung, wie das so zu laufen hat mit einem Hund. Und warum sollte der Hund auf das schwächste Glied im Rudel hören? Eigentlich hörte er nur auf meinen Vater, und wenn es noch sein musste, auch auf meine Mutter.

Im hohen Alter fing Hannibal auch an, uns langsam zu akzeptieren und ich musste nicht immer einen Laternenpfeiler suchen, wenn ein fremder Hund von vorne kam. Warum ich einen Laternenpfeiler brauchte? Das war ganz einfach, da Hannibal überhaupt nicht auf mich hörte oder nur, wenn er Lust hatte, lief er einfach los. Ihm war es auch egal, ob ich da hinten an der Leine hing oder nicht.

Also band ich ihn schnell an einen Laternenpfeiler, damit er nicht loslaufen konnte. Er wollte nämlich nicht immer spielen mit den Hunden, die von vorne kamen. Hannibal ist fast 16 Jahre alt geworden, für einen großen Hund ein stolzes Alter.

Als er nicht mehr lebte, war für mich klar, ich möchte wieder einen Hund haben. Ohne Hund geht es nicht.

Im Oktober 1998 zog ich ganz bei meinen Eltern aus, auf meine erste gepachtete Reitanlage in Wahrendorf bei Lensahn. Nun sollte auch gleich ein Hund mit einziehen. Und so kam mein erster Berner Sennenhund ins Haus … ein Berner aus der Eifel.

Zusammen zogen wir nach Wahrendorf bei Lensahn und ich machte meine ersten Erfahrungen mit einem Berner Sennenhund. Rocky hieß er und mit ihm habe ich so einiges erlebt.

Jetzt züchte ich diese tolle Rasse. Mittlerweile habe ich den zwölften Berner und ich könnte noch mehr haben … von den 12 Bernern sind drei (Rocky, Laika und Lilly) gestorben, drei (Anuk, Daisy und Mimi) leben in einem neuen Zuhause und sechs (Nike, Phil, Bibi, Lisa, Kira und Hasko) sind aktuell auf dem Hof.

Es leben aber noch zwei Malteser, Coco und Kalli, in unserem Rudel und mein vom DRK geprüfter Flächensuchhund Emma in meinem Haus.

Das ganze Haus ist gleich für Hunde gebaut worden, mit Hundekeller und Hundeklappe, damit die Berner immer Tag und Nacht in den großen Hundeauslauf, mit isolierter Hundehütte, gehen können.

Ein Paradies für Hunde, für Berner Sennenhunde.

Herzlichst

Deine Frauke Daerr

Einleitung: Warum ein Berner?

Das ist eine gute Frage: Wie kam ich auf den Berner Sennenhund?

Das ist eigentlich relativ schnell erzählt. In Adelboden in der Schweiz hatten wir etwas außerhalb vom Ort eine Ferienwohnung und fuhren jeden Tag hoch ins Skigebiet von Adelboden zum Skifahren. Mein Vater ist mit unserem Hund Hannibal spazieren gelaufen. Ich war damals 10, 11 oder 12 Jahre alt, als ich die erste Begegnung mit einem Berner Sennenhund hatte.

Mitten im Ort ging ein Skilift los zum Skigebiet Tschenten. Ein ganz alter Sessellift, also für die heutigen Verhältnisse ein ururalter Sessellift, ohne Heizung oder Förderband, ein Lift, wo das Personal einem oben und unten beim Ein- und Aussteigen geholfen hat. Sie nahmen einem die Skier ab, stellten diese in die richtige Vorrichtung und halfen einem in den Lift. Das Liftpersonal schaute auch noch, ob wir den Bügel richtig geschlossen hatten. Das Allerbeste war, wir bekamen bei schlechtem Wetter immer von dem Liftpersonal eine dicke Schweizer Armee Decke über die Knie gelegt, damit wir oben trocken ankamen.

Ich hatte immer die ganze Fahrt über Angst, die Decke zu verlieren. Es wäre so peinlich gewesen, vor allem, weil diese dann irgendwo im Wald oder in den Felsen lag und nicht so schnell erreichbar war. Der Lift war schon sehr urig, heute würde wir sagen, ab ins Museum mit dem Teil, ganz schön altmodisch, nicht zeitgemäß und viel zu langsam, aber damals war es so und immerhin hatte dieser Lift schon ein Dach über den Sitzen.

Unten in der Talstation fuhr der Lift ganz langsam, man konnte in Ruhe aussteigen, seine Skier nehmen und in Richtung Ausgang gehen. Das Liftpersonal war sehr nett und half einem immer dabei. Da unten an der Talstation sah ich dann zum ersten Mal einen Berner Sennenhund als Holzschnitzfigur. Ich war total begeistert und schwer verliebt. Einer der Liftboys schnitzte immer zwischendurch ganz viele Figuren, Kühe, Hunde usw. und diese standen da im Fenster. Und da stand auch ein Berner Sennenhund. Damals wusste ich noch nicht, dass diese Rasse ein Berner Sennenhund ist. Mir gefiel einfach der handgeschnitzte Hund.

Ich schlief mehrere Tage darüber, und habe dann diese Figur, die der Liftboy geschnitzt hatte, gekauft. Er erzählte mir auch, dass das ein Berner Sennenhund ist und dass viele Bauern oder Höfe in der Schweiz einen Berner Sennenhund haben, als Hofhund, zum Ziehen der Milchkarren oder einfach zum Aufpassen auf das Vieh. Nun hatte ich auch einen, meinen ersten Berner Sennenhund.

Damals habe ich beschlossen, dass mein erster Hund ein Berner wird, ohne mehr über diese Rasse zu wissen. In der Schweiz sagen sie ganz süß „Bärli". Ich fand sie einfach nur wunder-, wunderschön.

Ich habe es nie bereut, mir als ersten Hund einen Berner gekauft zu haben. Noch heute züchte ich diese tolle Rasse und bin dem Angestellten von der Liftanlage immer noch sehr dankbar, dass er mir diese Figur verkauft hat.

Heute würde ich mir immer wieder einen Berner kaufen, weil er hübsch ist, lieb, geduldig, etwas stur, gutmütig, ein kleiner Quatschkopf, gelehrig, treu, freundlich und ein großer Teddybär auf vier Pfoten und weil er einfach nur wunder-, wunderhübsch ist … einfach zum Knutschen.

Der geschnitzte Berner, den ich in der Talstation von Adelboden vor mehr als 40 Jahren von meinem Taschengeld gekauft habe, steht noch heute in meinem Bücherregal und erinnert mich daran, wie alles begann.

Mein erster echter Berner

Ich war schon seit ein paar Wochen auf der Suche nach einem Berner Sennenhund, weil ich am 1.10.1998 auf einen gepachteten Reiterhof bei Lensahn ziehen wollte und das nicht alleine.

Denn ich wollte, dass ein Berner Sennenhund mit einzieht … mein erster Berner.

Ich war im Tierheim und habe verschiedene Züchter kontaktiert, aber im Moment gab es keine Welpen. Und das Tierheim hat mir eigentlich ganz klar von einem älteren Hund abgeraten.

Gerade weil ich mit Kindern und Tieren arbeiten wollte, war ein Welpe immer besser. Der kann sich besser auf verschiedene Situationen einstellen als ein älterer Hund. Welpen sind einfach noch flexibel und „unverbraucht“.

Wo bekomme ich nun einen Berner her?

Im Spätsommer 1998 kaufte ich mir meinen ersten Berner Sennenhund Rocky auf einem Bauernhof in der Eifel. Ich war gerade zu Besuch bei meinem Bruder, und da stand in der Tageszeitung, dass ein Welpe zu verkaufen sei.

Damals gab es noch kein Internet und auch keine Smarttelefone. Er war schon 12 Wochen alt und lebte mit seinen Eltern im Zwinger hinterm Haus. Heute weiß ich, dass der Hof ein Vermehrerhof war, der Berner produzierte. In der Küche war noch eine Hündin und in der Scheune waren noch mehr Berner, aber die habe ich nicht zu Gesicht bekommen.

Ich glaube auch, da ich nur Augen für Rocky hatte, ich hätte ihn so oder so gekauft. Nein sagen, das ging nicht bei den Knopfaugen.

Ich habe also mit meinen Eltern in Lübeck telefoniert, ob der Rocky noch ein paar Wochen mit mir zusammen bei ihnen leben darf, bis wir dann beide umziehen würden.

Mein Vater meinte nur ... dann schau ihn dir mal an! Habt ihr euch mal einen Berner Welpen nur mal angeschaut und seid wieder gegangen, ohne einen zu kaufen und mitzunehmen?

Ich bin mit meinem Bruder gleich am Nachmittag dahingefahren und wir haben uns das Wollknäuel einmal angeschaut.

Noch heute kann ich mich an die Situation erinnern, wie Rocky mich durch den Holzbretterzaun hindurch angeschaut hat. Was soll ich sagen, jeder, der schon mal einen Berner Welpen gesehen hat, mit seinen großen Steifknopfaugen, weiß, da kann niemand nein sagen.

Er war so wunder-, wunderhübsch, ganz gleichmäßig gezeichnet. Er freute sich total und kam gleich auf uns zu.

Ein guter Freund hat mal gesagt, als es in einem Gespräch um einen Welpen ging: Da bekommen die Frauen immer gleich einen „kompletten Milch-Einschuß" ... oh ja, bei mir war es soweit — nichts ging mehr, kein klarer Gedanke war mehr möglich. Er war einfach so süß. Mein Herz hüpfte, wie bekloppt.

Es gibt nichts Niedlicheres als einen Berner Sennenhund Welpen in den ersten Wochen, totaler Zuckerschock, und da konnte ich nicht ohne Welpen nach Hause fahren. Ich musste aber erstmal ohne Berner wieder zu meinem Bruder zurückfahren. Da in dem Haushalt keine Hunde erlaubt waren, habe ich Rocky erst am Tag meiner Abreise abgeholt und mit nach Lübeck genommen.

Rocky war perfekt, die Blesse, vier weiße Pfoten, das Kreuz auf der Brust, er hatte alles, er war ein Traum, aber er kannte nichts. Er kannte kein Haus, keine Treppen, keine Autos, nichts ...

Alles egal, ich hatte endlich meinen Berner!

In meiner naiven Art nahm ich ihn am Tag meiner Abreise gleich mit nach Hause. Sechs Stunden alleine mit dem Auto, aber das klappte schon. Die Autofahrt verlief super, er hat das richtig toll gemacht. Er war einfach ein Schatz.

Zuhause angekommen, sind wir erstmal schnell eine Runde gelaufen, damit er sein Geschäft machen konnte, aber nichts … Anfängerfehler! Als ich wieder zurückkam, zuhause mit ihm auf mein Zimmer ging und er zur Ruhe kam, da hat er erstmal schön auf meinen Teppich gepullert. Und eine Stunde später machte er auch sein großes Geschäft auf meinen schönen Teppich. Jetzt hatte er ja Zeit und Ruhe, und es kam nichts Neues dazu.

Ich habe noch vier Wochen bei meinen Eltern mit Rocky zusammen gelebt, bis wir in unser neues Zuhause auf dem Land gezogen sind. Die vier Wochen vergingen wie im Fluge. Er hat auch immer nur auf meinen Teppich in meinem Zimmer im Elternhaus gepullert, und er hat zum Glück auch nur meine Schuhe durch die Gegend geschleppt.

Danach zogen Rocky und ich nach Wahrendorf bei Lensahn auf unseren Reiterhof, in unsere gemeinsame Wohnung. Ich würde nie wieder mit einem Welpen in eine Wohnung ziehen, die komplett mit Teppichboden verlegt ist. So schnell kann man gar nicht sein, wenn so ein Rüde es mal einfach „laufen lässt".

Ich den nächsten Tagen und Wochen machte ich meine ersten Erfahrungen mit einem Berner. Meine Mutter hat immer gesagt, erzieh erstmal einen Hund und dann schaff dir Kinder an.

Heute kann ich sagen, ich bin nicht bis zu den Kindern gekommen …

Ich bin bei den Bernern geblieben …

Der Berner

Der Berner Sennenhund ist ein imposanter Hund, groß, stattlich, eine Erscheinung. Gerade, wenn er sich in den Vordergrund stellen möchte, dann trägt er seine Rute hoch, drückt die Brust raus und drängt sich nach vorne. Mein Rüde Phil sieht dann aus wie ein kleiner, stolzer Löwe, der auf sein Rudel aufpasst und jedem sagen möchte: … mein Hof, meine Weiber, ich bin der Chef!

Der Berner Welpe ist wie ein kleiner Teddybär: niedlich, knuddelig, plüschig, zuckersüß, und ich kann nicht an einem vorbei gehen, ohne das Bedürfnis zu haben, ihn zu streicheln. Mit seinen spitzen Zähnen, die mal schnell in der Wade sitzen, schafft der Welpe es trotzdem immer wieder, einen ganz schnell um den Finger zu wickeln. Ich muss mich wirklich immer sehr zusammenreißen, dass ich auch mal schneller „nein" sage.

Ein Berner hat seinen eigenen liebevollen, herzlichen, fast schon unwiderstehlichen Charakter. Er hat es ganz schnell raus, wie bzw. was er machen muss, damit sein Herrchen für ihn alles macht, ohne lange nachzufragen oder es zu hinterfragen. Die können so süß ihren Kopf verdrehen und einen mit den tiefschwarzen Knopfaugen so süß anschauen, dass es absolut schwer fällt, ihnen eisern zu widerstehen. Ich muss mich immer ganz stark zusammenreißen, nur wenn die spitzen Zähne der Kleinen im Spiel sind, dann kann ich ganz schnell „nein" sagen.

Phil kann richtig mit mir reden und er liebt es, mit mir zu diskutieren. Er verdreht dabei seinen Kopf, je nachdem, wie er mit mir diskutiert. Er kann dabei sogar noch seine Lefzen zurückziehen, so dass er dabei frech grinst oder böse aussieht. Sehr lustig wird es immer, wenn er mit dem ganzen Körper wackelt, um seine Freude oder sein Missfallen zu zeigen.

Der Berner ist ein Hüte- und Wachhund. Er ist erst glücklich, wenn sein Rudel zu Hause ist.

Er liebt es, entweder vor der Tür zu liegen und alles im Blick zu haben oder „mitten im Geschehen“ zu sein, wo es sich am liebsten nur um ihn dreht.

Im Wesen ist der Berner Sennenhund freundlich, neugierig, gelehrig, gutmütig und wachsam.

„Sein Charakter ist unkompliziert und gradlinig. Anhänglichkeit ist oberstes Gebot, und wenn man einmal gelernt hat, dem Berner die Spielregeln des täglichen Lebens klarzumachen, wird er sich daran halten. Er ist einfach ein Hund, ‚mit dem man reden kann‘. Härte und Grobheiten verabscheuen alle Berner, und man wird damit nur Angst und Widerstand ernten. ‚Liebevolle Konsequenz‘, so heißt das Zauberwort in der Erziehung dieser knuffigen Gesellen!“[1]

„Bitte“ Platz und man wird feststellen, dann reagieren sie. Auf dem Hundeplatz vergiss bei einem Berner nicht, das „Bitte“ zu sagen. Wenn du wie bei einem Malinois „Platz“ schreist und dieser sich freut wie ein Schneekönig und dich anstarrt und sagt, ja, Mutti, was soll ich jetzt machen, wirft der Berner sich auf den Rücken und schaut dich völlig verunsichert an und fragt, was er falsch gemacht hat.

Und wenn du einen Berner aus dem Platz abrufen willst, dann bring bitte genügend Zeit mit, denn der Abruf ist nicht wie beim Malinois, ja Mutti 3, 2, 1, hier bin ich, Mutti! Es ist mehr ein … ok, ich soll jetzt aufstehen und zu dir laufen? … Also, im Grunde stresst mich ja keiner und ich kann mir auch Zeit lassen – oder muss ich mich etwa beeilen???

Meine Bibi ist so dickfällig, wenn die etwas nicht will, dann will sie es nicht. Ich kann alle rufen. Es kommen auch alle, aber sie kommt nicht.

1 Haug 1998, S. 10/11

Ich muss wirklich hingehen und sie abholen, vorher habe ich keine Chance. Ja, ich weiß, das ist eine reine Erziehungssache. Du musst einfach in jungen Jahren immer ein Leckerli immer in der Hose haben und sie belohnen. Das hat bei Bibi nicht geklappt, sie ging immer in die andere Richtung. Sie hörte dann einfach nicht.

Der Berner ist eigentlich eine Rasse, die leicht erziehbar ist, aber sie haben halt so ihren Kopf ... einen kleinen Dickkopf, so etwas stur, eigenwillig, fast schon selbstbewusst.

Ich habe schnell festgestellt, dass der Berner ein zu groß gewordener Schoßhund ist, der auch, wenn er ausgewachsen ist, noch immer meint, auf den Schoß kommen zu können.

Berner haben treue Augen, die sie herrlich verdrehen können, als wenn sie kein Wässerchen trüben können. Und charakterlich sind es einfach treue, ruhige, durchgeknallte, freundliche Begleiter, die das Herz am rechten Fleck haben.

Der Berner Sennenhund ist gradlinig und unwahrscheinlich kuschelig verschmust. Viele lieben es und setzen sich auf deinen Schoß oder auf deine Füße, einige umarmen dein Bein mit ihrem Bein oder gehen zwischen den Beinen durch.

Und Achtung, der Berner versucht schon im Welpenalter, das Sofa in Beschlag zu nehmen.

Ganz langsam und vorsichtig krabbelt er langsam auf das Sofa. Das sieht sehr witzig aus. Erst kommen die Vorderbeine und dann zieht er die Hinterbeine hinterher, ohne die Position der Vorderbeine und sich zu verändern, es könnte ja sein, dass ein „Nein“ kommt.

Es ist auch kein Kuschelkissen zu klein, da wird auch mal schnell das Kissen oder Körbchen von der Katze genommen und sich reingekuschelt bzw. mehr rein gequetscht.

Meine Mutter hat mal gesagt, erzieh erstmal ein Hund und dann schaff dir Kinder an ... Ich habe die Reihenfolge eingehalten ... nur ich bin bei den Hunden geblieben.

In diesem Buch versuche ich, den Leuten, die noch keinen Berner gehabt haben, die Rasse schmackhaft zu machen, ihnen ein Lächeln zu schenken und ihnen die Rasse ans Herz zu legen.

Und wenn jemand diese Rasse kennt, dann möchte ich, dass er ein Lächeln ins Gesicht bekommt, wenn er das Buch liest, und denkt ... ach ja, typisch Berner, oder oh ja, das kenn ich, typisch Berner!!!

Wenn ich als Züchterin gefragt werden würde, wie ich einen Berner kurz und knapp beschreiben würde ... oh das wäre schwer, aber der Berner ist ein liebenswerter, anhänglicher Hund, nicht gerne alleine, Besitz ergreifend, ein entspannter, dickköpfiger, sensibler ... einmaliger Hund!

Alexandra Haug schreib über den Berner:

„Dieses prachtvolle Tier mit seinem tollpatschigen Charme und seiner dennoch würdevollen Ausstrahlung vereint für mich in seinem Wesen so vieles, von dem unsere Welt heute etwas mehr haben sollte: Gutartigkeit, Sensibilität, Liebenswürdigkeit, Genügsamkeit, Zuverlässigkeit und nicht zuletzt das feine Empfinden, wann Mut und wann intelligente Zurückhaltung angesagt ist.“[2]

Die Berner sind sensibel und passen sich ausgezeichnet ihrer Familie an. Ist es eine Familie, die vorsichtig und zurückhaltend ist, dann wird auch der Berner vorsichtig und zurückhaltend.

Alle Berner sind im Grunde gleich ... schwarz-weiße Abzeichen mit braun abgesetzt. Aber das stimmt nicht ganz, jeder Berner sieht anders aus. Schmale Blesse, keine Blesse, viel weiß, wenig weiß, Kreuz auf der

2 Haug 1998, S. 5

Brust usw. Auch der Charakter ist bei jedem Berner anders, aber eins haben sie alle gemeinsam: Sie sind unwahrscheinlich kuschelig, anhänglich, liebesbedürftig und freundlich.

Sie lieben ihre Familie und würden alles für diese Familie tun. Sie sind treu und wachsam.

Berner verstehen einen und können einen trösten oder zum Lachen bringen. Sie können einen zur Weißglut bringen, aber auch wie ein Engel sein und unschuldig schauen.

Ich liebe diese Vielfältigkeit eines Berners.

BÜRO

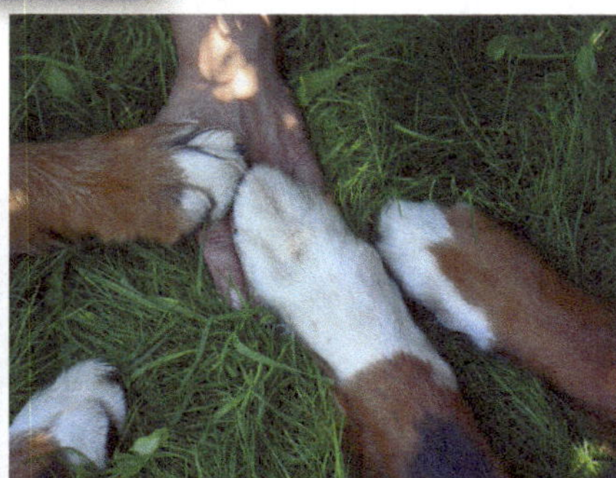

So sieht der Berner aus

Jeder der schon mal einen Berner gesehen hat, kennt die besonderen Kennzeichen. Der Berner ist ein großer, stattlicher, kräftiger Hund, meist zwischen 60-75 cm. Er hat kräftiges Fell, was den Berner mit braunen und weißen Abzeichen zu einer Persönlichkeit wachsen lässt.

Es gibt zwei Arten von Bernern: einmal den langbeinigen, modernen, sportlichen Berner, der durchaus auch mal in der Rettungshundearbeit anzutreffen ist oder auch mal gerne mit seiner Familie eine längere Wanderung unternimmt. Und dann gibt es den kurzbeinigen Berner, der eher kräftige, ruhigere und gemütlichere Typ. Der lieber seine geliebte Zeit auf dem Sofa verbringt.

Trotz des unterschiedlichen Körperbaus sind alle Berner gleich gezeichnet, alle sind schwarz mit braun ins weiß übergehend.

Als Züchterin finde ich es immer wieder faszinierend, wie unterschiedlich die Berner gezeichnet sein können, aber wie sie sich trotzdem alle in ihrem Aussehen ähneln.

Ein Berner hat die Farbe tricolore. Dreifarbig.

Eine dreifarbige Katze ist eine Glückskatze, das passt auch zu einem dreifarbigen Berner … ein Glückshund.

Oh ja, der Berner ist schon etwas ganz Besonderes.

Das Deckhaar

Bei einem klassischen Berner, so wie der Berner laut Zuchtziel sein sollte, hat er ein tiefschwarzes, lang und leicht gewelltes Deckhaar. Es gibt Berner mit eher glatterem Fell und es gibt welche mit leichten Locken. Ich habe tatsächlich auch schon Berner gesehen, deren Deckhaar mit einem leichten Braun oder einem Rotstich versehen sind. Im Alter werden die Berner sehr oft grau.

Das Deckhaar schützt den Berner vor jeglichem Wetter. Sein Fell besteht aus zwei Schichten. Das lange Deckhaar schützt den Berner vor Regen, Wind und Sonne und die Unterwolle reguliert den Wärmehaushalt.

Welpen haben ein ganz flauschiges Plüschfell, was sie ab dem vierten Monat, manchmal auch erst ab dem siebten Monat wechseln.

Ich empfehle immer, die Berner bei warmem Wetter nicht zu scheren, es sei denn, es muss aus gesundheitlichen Gründen sein. Gerade im Alter kann es mal vorkommen, dass der Berner im Sommer Probleme bekommt, bei der Hitze seinen Wärmehaushalt zu kontrollieren. Ihm kommt es dann zugute, wenn man das Fell einmal abschert.

Viele Berner Besitzer gehen zweimal im Jahr zum Friseur, um die Unterwolle rauskämmen zu lassen. Im Grunde kann man das aber auch selber machen. Man sollte das gleich in den Alltag mit einbauen, damit der Welpe sich schon von Anfang an ans Kämmen gewöhnt und es für ihn „normal" ist.

Wenn es regnet und sie nass sind, dann bekommen meine Berner alle einen Bademantel an, damit sie schneller trocknen und nicht alles nass bzw. dreckig machen.

Die Meinungen gehen bei diesem Thema Fellpflege komplett auseinander.

Manche kämmen ihre Hunde täglich, aber auf alle Fälle einmal in der Woche. Ich bin da ein bisschen faul und kämme meine Hunde nur, das darf man gar nicht sagen, wenn wir zur Hundeschau gehen (ein- oder zweimal im Jahr) oder wenn ich merke, dass es mal wieder sein muss. Meine Berner haben alle ein glänzendes, pechschwarzes Fell … ich sag immer, täglich einmal über den Misthaufen laufen, das gibt glänzendes Fell. Wenn die Unterwolle zu viel wird, dann kämme ich alle einmal durch und dann ist der Mülleimer voll.

Wichtig ist immer nur, dass das Fell nicht verfilzt und verklettet. Gerade hinter den Ohren verfilzt das Fell bei einigen Bernern sehr schnell.

Das schwarze Deckhaar geht an den Pfoten in braunes Fell über und endet dann in den weißen Pfoten. Am Kopf ist es auch so, das noch an der Nase und an den Augen ein Stück braunes Deckhaar wächst. Diese Übergänge vom schwarz ins braun und dann wieder ins weiß machen den Berner interessant und nicht langweilig, es ist optisch ein sehr schicker Hund.

So beschreibt Isabella Lauer den Berner Sennenhund: Haarkleid, lang, schlicht oder leicht gewellt. Tiefschwarze Grundfarbe mit sattem braunrotem Brand an den Backen, über den Augen, an allen vier Läufen und auf der Brust. Weiße, saubere, symmetrische Kopfzeichnung (Blesse und Fang). Weiße, mäßig breite, durchgehende Kehl- und Brustzeichnung. Erwünscht: weiße Pfoten und weiße Rutenspitze.

Die Blesse

Durch seine weiße Blesse im Gesicht wirkt der Berner freundlich und gleichzeitig interessant.

Ich habe die Erfahrung gemacht, dass gerade private Kunden gerne etwas Besonderes haben möchten, ein „Wiedererkennungsmerkmal".

Das heißt, die Blesse im Gesicht ist bei einem klassischen Berner gerade und gleichmäßig, mal etwas schmaler und mal etwas breiter.

Der Berner kann so unterschiedliche Blessen haben. Wenn wir große Würfe haben, dann arbeiten wir zwar mit kleinen Halsbändern in unterschiedlichen Farben. Gleich nach der Geburt bekommen sie die

Bänder um, so kannst du sie nachher auch alle auseinanderhalten, obwohl sie fast alle gleich aussehen. Die Blesse ist bei jedem Berner anders, und daran kann man sie gut unterscheiden.

Viele Kunden bevorzugen einen Bernerwelpen mit schiefer Blesse, weil es nicht die Norm ist.

Wenn die Berner geboren werden, dann sind die Abzeichen/Blessen noch sehr groß, weil der Kopf ja noch so klein ist. Im Laufe der Zeit wächst der Kopf und die Blesse wirkt kleiner, weil sie nicht mitwächst, sondern in ihrer ursprünglichen „Größe“ bleibt.

Die Pfoten

Der Berner hat klassisch vier weiße Pfoten, die nicht zu hoch reichen – wobei das in der Realität sehr unterschiedlich sein kann. Manche haben wenig Weiß, andere sehr viel; bei manchen Bernern ist sogar das halbe Bein weiß. Allein an den Pfoten kann ich schon viele Berner voneinander unterscheiden. Es gibt auch Berner, die keine weißen Pfoten haben und trotzdem wieder weiße Pfoten vererben.

Ich hatte schon in einem Wurf eine Berner Hündin, die hatte vorne zwei gleichmäßig hohe weiße Stiefel. Die war als erste verkauft worden. Das war wirklich etwas Besonderes. Die Hündin sah aus, als wenn sie Stiefel anhatte.

An den Pfoten kann der Züchter auch schon erkennen, ob es zum Beispiel ein kräftiger Rüde wird. Wenn ein Welpe schon kräftige, große Pfoten hat, dann wird es auch ein großer, kräftiger Berner Sennenhund.

Die Rute

Der klassische Berner hat eine deutliche weiße Schwanzspitze. Die Rute ist buschig und mindestens bis zu den Sprunggelenken lang. Wenn er zeigen möchte, wer der Boss ist, dann trägt er die Rute hoch über seinem Körper und macht sich damit noch größer. Er zeigt deutlich, wer größer ist und das Sagen hat. Auch da hat der eine Berner mehr Weiß und der andere Berner hat weniger Weiß an der Schwanzspitze. Die weiße Schwanzspitze ist aber für uns Züchter ein „Muss“ in der Zucht. Sie macht die Rute vom Berner interessant. Es sieht aus, als wenn er seine Rute in einen weißen Farbeimer gesteckt hat.

Der Berner Kuss

Was auch immer mal wieder in der Zucht vorkommt, ist ein sogenannter „Berner Kuss“. Der Berner Kuss ist ein weißer Nackenfleck, der normalerweise nicht in der Zucht vorkommt und da auch nichts zu suchen hat. Bei den Richtern auf einer Zuchtschau wird der Berner Kuss in der Zucht nicht gerne gesehen, aber bei Privatleuten werden diese Berner sehr gerne genommen, weil es den Berner zu etwas Besonderem macht. Das hat nicht jeder Berner.

Als Welpe ist der Fleck im Nacken oft sehr groß und auffällig, und die Welpenkäufer können ihren Welpen gut unter den anderen wiederfinden. Aber je größer der Kopf der Welpen wird, umso kleiner wirkt der Fleck im Nacken. Manchmal wächst der Fleck sogar raus und man kann ihn später nicht mehr sehen.

Es gibt sogar Berner, die haben einen weißen Kragen oder einen Ansatz zum Kragen. In der Zucht wird so ein weißer Kragen gar nicht gerne gesehen. Im Grunde ist das ein Ausschluss-Kriterium für die Zucht. Auch hier habe ich die Erfahrung gemacht, dass Welpen mit einem Berner Kuss oder mit einem Kragen sehr gerne genommen werden und immer schnell weg sind.

Das Brustkreuz

Zum klassischen Erscheinungsbild des Berners gehört auch das weiße Brustkreuz – oder zumindest eine weiße Brust. In all meinen Würfen habe ich noch nie erlebt, dass ein Berner ohne weißes Brustkreuz oder ohne weiße Brust geboren wurde. Keine Blesse, keine weiße Schwanzspitze oder sogar eine fehlende weiße Pfote – all das kam in Würfen schon vor. Aber eine weiße Brust hatten bislang alle meine Berner.

So sollte der Berner aussehen

Er sollte eine kräftige, nicht zu dicke Statur haben, eher etwas sportlicher, vier weiße Füße, die nicht zu viel und nicht zu wenig Weiß haben, eine weiße Schwanzspitze an einer buschigen Rute, das Brustkreuz und eine schöne, nicht zu dünne, aber auch nicht zu dicke gerade Blesse.

Als Züchter suchen wir immer den idealen Berner mit allen perfekten Merkmalen und dann auch noch HD-frei (Hüftgelenksdysplasie), ED-frei (Ellbogendysplasie), Zähne und Augen perfekt ohne Befund, und frei in den Degenerativen Myelopathien Exon 1 und 2.

Privatkäufer suchen immer „ihren" Berner, der am besten auf sie zugelaufen kommt und etwas Besonderes an sich hat, das gewisse Etwas, der Funke, der überspringt, wenn sie ihn besuchen.

Als Züchterin verkaufe ich meine Welpen oft schon in den ersten drei Wochen, da werden sie nach dem Foto ausgesucht. Nach drei Wochen dürfen die Welpenkäufer vorbeikommen und sich ihren Welpen fest aussuchen bzw. besuchen und dann mit Vertrag kaufen.

Charakter, Eigenschaften und Wesen

Der Berner Sennenhund ist ein Hund mit einem starken Charakter. Er hat Züge an sich, die einen wirklich oft zum Lachen bringen. Er kann ein totaler Quatschkopf sein, aber auch sehr sensibel und das beides vereint in einem Hund.

„Obwohl einige Rassevertreter einen kleinen Dickkopf haben und ausgesprochen stur sein können, lassen sie sich aufgrund ihrer Intelligenz und Gelehrigkeit gut trainieren. Sie sind insbesondere bei ihrem Menschenrudel sehr anhänglich, treu und folgsam.“[3]

Berner lernen sehr schnell und lieben ihren Menschen. Der Berner ist einfach eine tolle Rasse, bei der der Besitzer nur etwas aufpassen muss. Sind Herrchen und Frauchen bei einem Welpen zu unsicher und ängstlich in der Erziehung, dann kann der Berner diese Eigenschaften schnell von ihnen übernehmen. Seine Freundlichkeit und Aufmerksamkeit kann dann in Ängstlichkeit und Unsicherheit umschlagen. Der Berner lernt Negatives genauso schnell wie Positives.

Ich habe sechs Berner – alle sehen anders aus und alle sind in ihrem Wesen und Charakter sehr unterschiedlich. Unterschiedlicher geht es eigentlich schon gar nicht mehr. Aber genau das macht die Rasse so interessant. Vom Dickkopf, über zwei jugendliche Draufgänger, eine Streber-Dame, ein Sensibelchen bis hin zu einer eher zurückhaltenden Dame, habe ich alles in meinem Rudel.

So ist unser Deckrüde Phil unser Sensibelchen, Wachhund, Angeber, Rudelalpha, Weiberheld, Quatschkopf, Kuschelmonster, aber vom Wesen her ist er eher einfühlsam, anhänglich, treu, sehr imposant, auch Fremden gegenüber zuerst zurückhaltend. Er möchte erst alle Leute beschnuppern, und danach darf man ihn anfassen.

---

3 www.bernersennenhund.de/berner-sennenhund-charakter-wesen/

Ich sage immer, er ist wie die Männer aus der Jever-Werbung, wo zwei Männer in einer Bar gemeinsam am Tresen sitzen, sich gegenseitig Fotos über ihr Eigentum zeigen und damit angeben: mein Haus, mein Auto, mein Boot.

Phil ist auch so ein kleiner Angeber, er sitzt immer ganz stolz und selbstbewusst in der Ferienanlage auf einer kleinen Anhöhe und erzählt jedem der zu uns kommt: mein Hof, mein Auslauf, meine Weiber ... ich Boss. Es fehlen nur die Fotos, wie bei den Männern aus der Jever-Werbung, die er dann auf den Rasen legt.

Trotz alldem kann er ein totaler Quatschkopf sein und wir, Vivi und ich, können mit ihm jeden Blödsinn machen. Vivi kennt ihn schon von klein auf und ist sein Lieblingsmädel vom Hof. Er lässt alles bis zu einem gewissen Grad mit sich machen. Er ist super gut erzogen und egal, ob er bei „Peng“ umkippen, auf einen Stuhl klettern oder toten Hund spielen soll. Er macht es.

Ich sag immer, ich kann mit ihm reden. Er zieht dann so wunderbar die Lefzen hoch und schüttelt mit dem Kopf dabei, als wenn er mit mir reden würde und gibt mir eine Antwort. Neben dem Angeber ist er auch ein kleines Sensibelchen. Komm bloß nicht an seine Haare ... wenn er liegt, dann springt er auf, als wenn sonst etwas passiert wäre. Die anderen Berner aus meinem Rudel stört das überhaupt nicht.

Dagegen ist unsere Nike, nun mittlerweile mit acht Jahren in Rente, genau das Gegenteil. Eine Streberin, Kuschelmonster, möchte immer gefallen, Rudelchefin, unantastbar und hat immer etwas zu sagen. Ich kann sagen, dass sie den Ton angibt. Nike war zu einem Fotoshooting eingeladen für eine namentliche Futterfirma, die ihre Futtersäcke neu bedrucken lassen wollen.

Nike wusste genau, was von ihr verlangt wurde. Sie wusste genau, wie sie sich in Pose zu stellen hatte und was die Fotografin sehen wollte. Bis zum Ende des Shootings hat sie alles gegeben.

Sie will einfach gefallen und alles richtig machen. Bibi hätte sich auf den Rücken gelegt und ihr wäre alles egal gewesen. Phil wäre nach dem zweiten Foto gegangen und hätte keine Lust mehr gehabt.

Bibi ist noch mal wieder ganz anders, gerade von ihrem Typ und Wesen her. Sie ist eher dickfällig, treu, tollpatschig, einnehmend, Kuschelmonster, ein ruhiger Fels in der Brandung, den nichts so schnell erschüttern kann. Und sie braucht eine Weile, bis ich eine Reaktion bekomme, aber wenn, dann muss ich standfest sein und mit jedem Echo rechnen. Sie kann aber auch, wenn sie etwas möchte, schnell und zielsicher sein. Mit ihren großen Kulleraugen fällt es einem schwer, ihr etwas abzuschlagen.

Ich habe dann noch Kira, die Tochter von Nike, gezüchtet in der Hoffnung, eine genau so strebsame Hündin zu bekommen, wie ihre Mama Nike … nein, im Moment ist das noch nicht der Fall. Kira ist im Moment der „Rotzlöffel" im Rudel. Die Dame in der Pubertät. Mit ihren 1 ½ Jahren ist sie frech, clever, testet jegliche Grenzen aus, versucht die Führung zu übernehmen. Ich war vor paar Wochen mit ihr auf einer Hundeshow. Wir haben am Tisch auf unseren Start gewartet. Da ist sie ohne Vorankündigung der jungen Dame neben mir am Tisch auf den Schoß geklettert. Einfach mal so, weil vielleicht die Aussicht besser war oder sie ein bisschen Aufmerksamkeit brauchte. Zum Glück nahmen es alle mit Humor. Kira ist verspielt, trägt alles mit sich herum, sie kann aber auch verschmust und liebesbedürftig sein. Ich bin gespannt, wohin die Reise bei ihr geht.

Dann habe ich noch unser Baby on Board, Hasko, vier Monate alt. Verspielt, tapsig, Plüschmonster, spitze Zähne, testet alles und jeden, geht auf die Leute zu, verschmust, sehr gelehrig, etwas übermütig und sooo süß.

Er hat Pfoten wie ein Bär. Hasko entwickelt sich gerade zu einem ganz tollen Rüden und ich bin sehr gespannt, wie sein Charakter und sein Wesen sich weiterentwickeln. Er ist jetzt schon sehr menschenbezogen, reagiert sehr gut auf Lob und Leckerlis, lernt sehr schnell und hat ein gesundes Selbstvertrauen und keine Ängste.

„Ein Berner Sennenhund bellt lauter, freut sich gewaltiger, trauert tiefer, schmollt heftiger, widersetzt sich energischer. Für einen Berner Sennenhund genügt der kleine Finger nicht. Er braucht die ganze Hand, nein, beide Hände, den gesamten Menschen." (Prof. Dr. Bernd Günter).[4]

Der Berner ist also sehr vielfältig in seiner Persönlichkeit, seinem Charakter und seinem Wesen. Das macht die Rasse interessant und vielseitig. Der Berner ist dadurch nicht nur ein Wach- und Hütehund, sondern wird immer mehr zu einem Rettungs- und Therapiehund, und natürlich auch zu einem Familienhund. Durch diesen tollen Charakter und das gute freundliche Wesen zeichnet er sich in diesen Aufgaben aus. Er passt sich immer schnell den Situationen oder seinem Umfeld an.

Als Züchterin werde ich immer wieder von den Welpenkäufern gefragt, wie die Charaktere der Berner Welpen sind. Die neuen Besitzer suchen ihren Berner ja oft schon mit drei Wochen aus. Da ist es sehr schwierig zu sagen, wie der Charakter ist und wie sich der Charakter entwickelt. Meine Erfahrung hat gezeigt, dass sich das in dem neuen Zuhause oft nochmal ändert, und der Charakter und das Wesen sich erst so richtig in der Zeit um die 7. bis 10. Woche entwickeln. Im Rudel ist die Position, der Charakter, das Wesen oft ganz anders, als nachher im neuen Zuhause. Im neuen Zuhause muss er, der kleine Welpe, noch seine Position finden.

Der Berner passt sich seinem neuen Zuhause auch etwas an und übernimmt Eigenschaften und Wesenszüge von seinem Herrchen bzw. Frauchen. Gerade wenn Kinder im Spiel sind, sieht man immer wieder den Berner als großen Aufpasser, Beschützer oder guten Freund der Kleinen.

4 www.bernersennenhund.ch/wesen

Der Berner bekommt natürlich auch Charakterzüge und Wesensteile von seinen Eltern mit in die Wiege gelegt. Als Züchterin muss ich immer wieder lachen, wenn mir die Welpenkäufer später von ihrem Berner erzählen und ich die Ähnlichkeiten ihrer Eltern wiederfinde, ob es charakterliche Ähnlichkeiten sind oder Eigenschaften.

Wenn ich „Charakter und Wesen von Berner Sennenhunden" bei Google eingebe, dann erfahre ich: „Der Berner Sennenhund zeichnet sich durch ein ausgeglichenes, gutmütiges und freundliches Wesen aus. Er gilt als sanfter Riese und ist ein beliebter Familienhund, der eng an seine Menschen gebunden ist und viel Nähe und Aufmerksamkeit benötigt."

Das kann ich mit meiner langjährigen Erfahrung als Besitzerin und Züchterin von Berner Sennenhunden genauso unterstreichen.

Typisch Berner

Wer schon einmal einen Berner gehabt hat, der weiß genau, was ich meine. Es gibt einfach typische Eigenschaften, die nur ein Berner hat.

Wenn Kunden zu mir kommen, die schon einmal einen Berner gehabt haben, brauche ich ihnen nicht viel über einen Berner erzählen. Schnell sagen sie, jaja … typisch Berner, ich weiß, was du meinst. Jemand, der noch keinen Berner gehabt hat, der weiß gar nicht, was ich meine.

Bei mir war jetzt eine Familie, die hatte gerade erst ihre Deutsch Drahthaar Hündin verloren. Am Telefon hatte ich erzählt, dass der Berner seine Familie über alles liebt, auf sie aufpasst, am liebsten mittendrin liegt und immer gekuschelt werden möchte, und wenn er dürfte, sogar ins Bett krabbeln würde.

Da reagierte der Mann völlig verdattert und meinte nur: „Wie kuscheln? Ins Bett krabbeln? … so ein richtiger Kuschelhund ist das und der ist immer bei uns?“ „Ja“, sagt ich nur und lachte. Die Deutsch Drahthaar Hündin der Familie mochte überhaupt nicht kuscheln und ging eher ihren Weg.

Das war so lustig und witzig, als die Familie dann bei mir zu Besuch war. Der Mann war total begeistert, wie kuschelig und anhänglich meine Berner waren. Im Laufe des Nachmittags hat die Familie immer mehr gemerkt, was ich am Telefon eigentlich gemeint hatte. So ein Verhalten kannten sie von ihrer alten Hündin überhaupt nicht.

Kuscheln

Wenn du jemanden fragst, der schon einmal einen Berner hatte oder hat, was typisch für einen Berner ist, der würde schmunzeln und grinsen und sagen: kuscheln.

Ein Berner ist in allen Lagen ein Kuschelmonster und in dieser Sache immer bedürftig.

Du stehst da und unterhältst dich mit jemanden. Plötzlich kommt eine Nase an und schiebt sich ganz geschickt unter deine Hand, die locker an deinem Körper runterhängt. Sie schafft es sofort, dass deine Hand anfängt, sich zu bewegen und die Nase zu kuscheln. Mittlerweile kommt der nächste Berner langsam an, setzt sich ganz bescheiden, ohne dass du irgendetwas getan hast, auf deine Füße und wirft seinen Körper ganz unauffällig an deinen Körper. Natürlich fängst du automatisch an, den Berner Körper zu streicheln.

Aber nicht genug, jetzt kommt oft der dritte Berner, manchmal sogar gleichzeitig mit dem zweiten Berner und schiebt sich zwischen deinen Beinen durch. Nun sitzt also einer schon auf deinen Füßen und dieser nun steht zwischen deinen Beinen und himmelt dich von unten an, so nach dem Motto: Streichelst du mich? Spätestens jetzt habe ich eine Hand zu wenig bei nun schon drei Bernern.

Immer wieder nett ist es auch, wenn du dich bückst, um etwas aufzuheben, und ein Berner kommt an, wirft sich gegen dich und schmeißt dich dabei fast um. Hat er es bis jetzt nicht geschafft, dich umzuwerfen, dann kommt Plan B. Urplötzlich klettert er auf deinen Schoß oder auf die Beine und spätestens jetzt kippst du nach hinten um und hast plötzlich einen Berner auf deinem Schoß liegen … völlig unerwartet liegen nun 50 kg auf dir und genießen die Minuten. Solltest du in der Zeit noch Luft bekommen und unter dem Berner wieder rauskommen, da kannst du nur sagen: typisch Berner.

Hören

Eigentlich hören Hunde viel mehr und besser als wir Menschen. Der Berner müsste das Piepsen der Maus hören, aber manchmal habe ich das Gefühl, sie wollen nicht hören, bzw. hören nur, was sie hören wollen.

Bei mir passiert das zum Beispiel ganz oft, und das ist so typisch bei uns, der Rückruf klappt nicht immer. Ich möchte ins Haus gehen und rufe alle Berner, alle hören gut, nur eine Dame fehlt … Bibi ist in der Hinsicht immer etwas schwerhörig.

Typisch Berner, gut hören ist ein Fremdwort, sagen wir mal so, sie können gut hören, wenn sie es für nötig halten und denken, dass man nun langsam kommen könnte. Öffne ich die Kühlschranktür, sind binnen 10 Sekunden alle Berner hinter mir. Oder du willst die Fleischwurst schneiden, glaube ja nicht, dass das keiner mitbekommt. Plötzlich sind alle da, typisch Berner. Aber es geht auch anders.

Endlich geruht die Bernerdame Bibi doch noch, langsam zu kommen, oder ich muss sie persönlich abholen, sie liegt nämlich in ihrer vollen Länge auf dem Rücken und denkt überhaupt nicht dran, zu kommen.

Ganz einfach … geh und hol die Leine, dann kommt sie mit. Das ist typisch Berner.

Fressen

So weit so gut, ein Berner ist total verfressen und frisst eigentlich alles. Ich habe noch nicht viele Berner gehabt oder gesehen, die nicht auffressen oder ihr Futter stehen lassen, weil es nicht schmeckt. Dann kann ich davon ausgehen, dass irgendwas nicht stimmt und sie eventuell krank sind.

Ansonsten hat ein Berner einen guten, gesunden Appetit und frisst eigentlich über Trockenfutter, Nassfutter aus der Dose bis hin zu Frischfleisch alles.

Ich habe meinen Bernern beigebracht, dass jeder seinen Platz zum Füttern und jeder seinen eigenen Napf hat. Meine Freundin Andrea fütterte, damals hatte sie auch sechs bis acht Berner, in einer oder zwei großen Stiegen alle Berner zusammen und hatte täglich Trockenfutter stehen. In einem guten und gesunden Rudel geht das gut, aber wenn das Rudel gerade einen Neuzugang hat oder viele Hündinnen läufig sind, dann kann es schnell zu Unruhen kommen.

Ansonsten geht die Liebe bei einem Berner durch den Magen. Es gibt einige Berner, wenn es ums Fressen geht und sie eine Weile noch warten müssen, dann kannst du danach den Boden wischen, weil ein kleiner Sabber-See entstanden ist. Einige Berner können dich mit den Augen hypnotisieren, wenn es ums Fressen geht, dass du dich ganz doll beeilst, damit er sein Fressen bekommt. Ich habe es sogar schon erlebt, dass der Berner plötzlich anfing zu bellen, um so sein Fressen einzufordern. Sie lassen sich immer wieder etwas einfallen.

Viele Kunden haben daher die Regel, dass der Berner warten muss und dann erst auf ein Zeichen oder Kommando fressen darf, um Ruhe ins Fressen zu bekommen.

Für ein Leckerli macht ein Berner fast alles, und so macht es die Erziehung leicht. Es sei denn, du kommst an die Grenze eines Berners, der nach einer Weile Unterordnung keine Lust mehr hat und sich dann einfach auf den Rücken legt … nichts geht dann mehr, nicht mal für ein Leckerli: typisch Berner.

Schlafen

Über die Hälfte des Tages verschläft der Berner möglichst in der Nähe seines Menschen. Ja, Berner sind Wach- und Hütehunde, und wenn etwas mit ihren Menschen sein sollte, dann sind sie auch gleich wieder hellwach und schlagen an. Aber wenn sie merken, es ist nichts oder alles ist wieder vorbei, dann können sie ganz schnell wieder ihrer Lieblingsbeschäftigung des Schlafens nachgehen.

Der Berner kann in allen möglichen Posen schlafen. Normal eingerollt, ausgestreckt in voller Länge, aber auch komplett verdreht, so dass man überlegen muss, ob er danach einen Bandscheibenvorfall hat.

Nur, um mit seinem Menschen mitzukommen, würde er sich in die kleinste Ecke quetschen, aber er kann auch sehr einnehmend und besitzergreifend sein, wenn er meint, er braucht jetzt noch etwas mehr Platz. Dann sitzt du auch mal gleich schnell neben dem Sofa, weil der Berner sich etwas sehr breit gemacht hat.

Auch hier würde jeder Berner Besitzer unterschreiben: typisch Berner!

Anita Schneider-Weissbaum schreibt über den Berner Sennenhund:

„Wäre da nicht von Zeit zu Zeit eine feuchte Hundeschnauze, die mich stupsend daran erinnert, dass wieder ein paar Streicheleinheiten fällig geworden sind, würde ich kaum merken, dass ich von vier liebenswerten Berner Sennenhunden umlagert bin. Wohlig entspannt liegen sie da, nur ab und zu verraten ihre zuckenden Pfoten, dass sie gerade einen Abstecher in eine lebhafte Traumwelt machen. Ein friedliches Bild, gemütlich, wärmend und fast ein bisschen heile Welt.“[5]

5 Schneider-Weissbaum 2007, S. 10

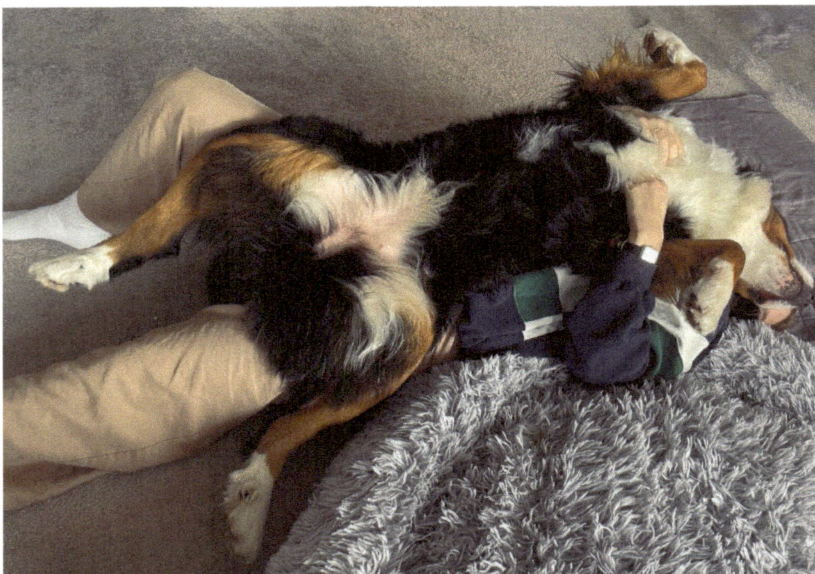

Der Berner Blick

Wer kennt ihn nicht, diesen unschuldigen Blick eines Berner Sennenhundes?

Diese schwarzen Knopfaugen, die dich anschauen und dir sagen wollen: Mutti, ich war das nicht …

Ich habe noch nie eine Hunderasse gesehen, die so einen Ausdruck in ihren Augen hat und diesen so geschickt einsetzen kann, dass man echt Schwierigkeiten hat, nein zu sagen. Ein Berner kann seine schwarzen Knopfaugen in jeglichen Situationen geschickt und professionell einsetzen.

Ich finde, ein Berner kann dann wie ein Kind sein, das unbedingt etwas von seinen Eltern haben möchte. Kinder können ihre Eltern schamlos um den Finger wickeln, und genau das kann auch ein Berner, und zwar so geschickt, dass der Berner Besitzer es zu spät merkt.

Es ähnelt ein bisschen einer Hypnose, und dann verdrehen sie noch den Kopf dabei. Ich finde, das erhöht den Niedlichkeitsfaktor gleich noch etwas mehr.

Wenn ich mit einem Welpen in einen Laden gehe, damit er viele neue Eindrücke bekommt, dann komme ich unter einer Stunde nicht wieder heraus. Oh, es ist so schlimm. Ich versuche, mich ja immer zusammenzureißen, wenn ich selber einen fremden Welpen sehe, aber ich finde, bei einem Berner fällt einem das besonders schwer. Die sind so süß. Ein Berner ist wie ein aufgeplatztes Sofakissen mit seinem Babyplüschfell, und wenn er dich dann noch mit diesen Augen anschaut, dann geht irgendwie nichts mehr.

Ich sage dann immer: Da schießt einem glatt die Milch wieder ein, so süß.

Gerade in der Erziehung muss ich bei den Welpen immer so aufpassen. Wie schnell geht das, dass ich etwas verneine und dann schaut der Welpe mich so süß an, verdreht den Kopf, klappt die Ohren nach vorne. Kann ich diesem Blick widerstehen?

Jeder, der schon mal einen Berner Sennen Welpen großgezogen hat, weiß spätestens an dieser Stelle, was ich meine mit dem Berner Blick! Es geht einfach nicht! Wenn dich diese schwarzen Augen anschauen und du in der Erziehung konsequent bleiben willst. Das fällt jedem sehr schwer.

Die Welpen nuckeln immer noch so niedlich an den Fingern und schauen dich total herzig dabei an. Ich habe immer das Gefühl, dass das Nuckeln die Welpen beruhigt und es auch immer ein Zeichen der Zuneigung ist. Sie genießen das und träumen sich dabei total weg. Sie verdrehen erst immer die Augen, bis sie sie letztendlich komplett schließen und einschlafen, ins Land der Träume abtauchen. Am Schönsten ist das, wenn sie dabei auf dem Schoß liegen und beschützt bei uns schlafen.

Aber diese entspannte Phase dauert nicht lange und dann haben sie auch schon wieder irgendeinen Blödsinn im Kopf, bei dem dir in den Sinn kommt: den Welpen verschenken? Oder du hoffst, dass deine Erziehung langsam fruchtet, das „Nein“ im süßen Kopf vom Welpen ankommt und es endlich funktioniert.

Nun kannst du dir bestimmt vorstellen, wie das ist, wenn dich nicht nur ein Berner anschaut, sondern gleich sechs Berner Sennenhunde auf einmal. Das sind dann einfach mal 12 schwarze Knopfaugen! Wenn ich bei meinen Eltern bin, bekommen meine Hunde immer zwei Scheiben Fleischwurst. Außer den sechs Bernern habe ich ja noch meine zwei Malteser und eine Labradordame. Ach ja, meine Eltern haben auch noch einen kleinen Hund, einen schwarzen Mix, der sieht aus wie ein kleiner, schwarzer Spitz. Es schauen mich also 20 Augen an und wollen ihre Fleischwurst haben.

Ich kann es sehr schwer erklären, aber dieser Berner Blick ist einmalig. Der Berner kann mich, im Gegensatz zu den anderen Hunden, die mich ja genauso anschauen, so süß anschauen, er kann immer noch den Kopf dabei verdrehen und die Augen haben so ein Leuchten, das ist unbeschreiblich. Der Berner Blick ist intensiv, durchblickend und zum Dahinschmelzen. Diesem Blick kannst du ganz schlecht widerstehen. Der Berner erwärmt Herzen mit seinem treuen Hundeblick und seinem kuscheligen Fell und geht gerne gemeinsam mit seinem Menschen durch dick und dünn.

Der Berner Besitzer

Ich habe über die Jahre viele Leute mit Hunden kennengelernt, dabei habe ich gemerkt, dass viele Leute für eine Rasse bestimmt bzw. nicht bestimmt sind. „So wie der Herr, so das Geschirr." Ich finde das ist ein absolut passender Spruch.

Geh mal mit offenen Augen durch die Gegend und beobachte die Leute mit ihren Hunden. Ich finde immer, da huscht dir ein kleines Lächeln übers Gesicht, weil an dem Spruch echt etwas dran ist. Ich finde, dass es auch teilweise deutlich zu sehen ist, welcher Hund zum wem gehört. Ich möchte jetzt nicht damit sagen, dass ein durchgeknallter, bewegungsfreudiger Border Collie auch ein durchgeknalltes, bewegungsfreudiges Frauchen hat, aber so ungefähr. Auf alle Fälle kein Frauchen, das nur auf dem Sofa sitzt.

Aber was macht einen typischen Berner Besitzer aus?

Im Laufe meiner Züchterjahre habe ich viele Leute kennengelernt und ich kann nicht allgemein sagen: ach ja, das ist ein typischer Berner Besitzer.

Ich finde, bei einem Berner Besitzer gibt es nichts Typisches, jeder kann ein Berner Besitzer sein. Der Berner ist ein einfacher Hund, der sich schnell in seinem neuen Zuhause anpasst und egal, ob Single, Ehepaar oder Familie, mit seinem neuen Menschen ein Team wird.

Klar, kein Jäger wird sich einen Berner anschaffen, und auch, wenn ich jeden Tag zwei Stunden joggen will mit meinem Hund, schaffe ich mir keinen Berner an. Der Berner ist kein Hund mit großer Ausdauer und auch kein Hund, der für die Jagd tauglich oder gezüchtet ist.

Der Berner ist ein ruhiger Geselle und kann, wenn er die Möglichkeit hat, den ganzen Tag auf dem Sofa liegen bleiben. Trotzdem begleitet er seine Familie mit viel Freude auf wunderschönen Wanderungen, und auch eine Tour mit dem Fahrrad wird er schaffen.

Es hat auch jeder Berner einmal am Tag oder alle zwei Tage seine „fünf Minuten“, dann rennt und flitzt er wie ein durchgeknalltes Etwas durch die Gegend, aber halt nur fünf Minuten. Danach macht er gerne wieder ein Schläfchen, zu den Füßen seines Besitzers.

Für den Berner zählt dabei sein, im Mittelpunkt stehen, mit bzw. bei seinem Besitzer.

Wenn du dir einen Hund anschaffen möchtest, dann musst du dir schon einige Gedanken machen. Was für ein Hund kommt für mich in Frage? Welche Rasse passt zu mir und was soll der Hund machen bzw. an Schwerpunkten mitbringen? Klar, ich gehe auch nach dem Aussehen, ich könnte mir nie einen Windhund anschaffen oder einen Wolfshund. Das sind bestimmt tolle Hunde, aber ich liebe das Tricolor beim Berner Sennenhund.

Es gibt oft Leute, die mich und unser Rudel besuchen kommen, um die Rasse einmal kennenzulernen, auch die Größe, da sie den Berner nur aus Büchern kennen. Ich finde es sehr gut, wenn die Leute sich genauer über die Rassen informieren.

Klar, wer schon mal einen Berner gehabt hat oder noch einen hat, der möchte wieder einen haben, weil er genau weiß, was er an der Rasse hat.

Der Berner Besitzer ist oft ein ruhiger Typ, der bodenständig ist, und der es liebt, mit seinem Hund eine Runde zu kuscheln und mit ihm gemeinsam die Natur zu genießen. Er fährt gerne mit seinem Hund in die Berge, am liebsten im Winter, wenn viel Schnee liegt oder im Herbst ans Meer, mietet sich da eine Ferienwohnung oder ein Haus und macht gemütliche Wanderungen. Es gibt viele Berner Besitzer, die ein Wohnmobil haben und mit ihrem Berner die Natur erkunden.

In der heutigen Zeit kommt es auch immer mehr vor, dass der Berner Besitzer seinen Berner mit ins Büro nimmt und ihn gemütlich unter oder neben seinem Schreibtisch liegen lässt. Statt in der Mittagspause in die Kantine zu gehen, geht der Berner Besitzer mit seinem Bären eine Runde spazieren und entspannt in der Natur.

Eigentlich kann man mit einem Berner alles machen, und dadurch ist er so flexibel, entspannt und angenehm.

Fazit: der typische Berner Besitzer

- Der typische Berner Besitzer ist ein Naturfreund, der mindestens einmal am Tag gerne eine große Runde mit seinem Berner durch die Natur und den Wald zieht. Egal, bei welchem Wetter. Er liebt eher den Schnee und die Kälte als die Grade in der Sonne am Pool.

- Der typische Berner Besitzer (natürlich ist damit auch die Familie eines Berners gemeint) verbringt gerne viel Zeit mit ihm und hat ihn gerne um sich. Ob die Kinder mit ihm im Kinderzimmer spielen, ob er in der Werkstatt liegt und beim Schrauben zuschaut oder ob die Mutter in der Küche steht und Essen kocht – er ist gerne dabei. Und genau das lieben die Berner Besitzer so an ihrem Berner.

- Der typische Berner Besitzer wählt lieber eine Urlaubsreise mit seinem Bären zusammen als die Flugreise ins Warme.

- Der typische Berner Besitzer teilt auch immer sein Essen bzw. kauft schon immer ein extra Wiener für den guten Freund zu Hause, den Berner. Und wollen wir mal ehrlich sein, so unter Berner Besitzern: Es ist eine total süße, durchgeknallte Rasse, die Energie mitbringt, aber auch eine gewisse Ruhe, die einen durchatmen lässt.

- Der typische Berner Besitzer ist auch etwas durchgeknallt und bringt eine gewisse Ruhe mit, denn welcher normale Mensch würde sonst sein Sofa oder sein Bett mit einem 60-70 cm großen, plüschigen, schwarzen Wollknäul und nicht zu vergessen die 40-60 kg Gewicht, teilen. Der Berner, der immer bemüht ist, mehr Platz auf dem Sofa zu bekommen als das Herrchen … wo ist das Herrchen eigentlich? Ups, unter mir, sorry, nicht gemerkt.

- Der typische Berner Besitzer ist kein normaler Mensch. Welcher normale Mensch, und das macht nur ein Berner Liebhaber, sammelt täglich schwarze Wollmäuse in den Ecken auf, die der Hund im Fellwechsel verliert, macht lustige Fotos von den Massen an Wolle nach dem Kämmen und postet sie bei Facebook?

- Der typische Berner Besitzer hat seinen englischen Garten gegen eine Vulkanlandschaft getauscht, er hat die Blumen in Hochbeeten versteckt, um noch etwas Buntes in seinem Garten zu haben.

- Der typische Berner Besitzer hat vorne am Gartentor ein Schild stehen: „Wer sagt, Glück kann man nicht anfassen, der hat noch nie einen Berner Sennenhund gestreichelt.“ Oder auch immer sehr beliebt: „mein Haus, mein Garten, mein Berner!“

Ich finde immer, dass der Berner Sennenhund nicht einfach nur so gehalten wird, sondern dass der Berner Sennenhund ein Zusammenleben fordert.

Wir schenken unseren Hunden ein klein wenig Liebe und Zeit.

Dafür schenken sie uns restlos alles, was sie zu bieten haben.

Es ist zweifellos das beste Geschäft, das der Mensch je gemacht hat.

(Roger Andrew Caras, 1928-2001)

Das Leben mit einem Rudel

Wenn ich bei Google das Stichwort „Rudel“ eingebe, dann erfahre ich: „Rudel bezeichnet in der Verhaltensbiologie eine geschlossene und individualisierte Gruppe von Säugetieren. Ein Rudel ist eine geschlossene Gruppe, weil die Mitglieder eines Rudels nicht beliebig austauschbar sind. Ebenso ist es eine individualisierte Gruppe, weil die Mitglieder der Gruppe sich untereinander kennen.“

Wenn ich ein Wolfsrudel mit einem Hunderudel vergleiche, dann ist ein Wolfsrudel ein Familienverband, bei dem die Elterntiere eine hohe Position einnehmen und die Rangordnung auf Verwandtschaft basiert. Sie haben soziale Strukturen und eine Rangordnung, wobei die älteren Tiere die führende Rolle einnehmen.

Eine Gruppe von Haushunden ist eigentlich kein echtes Rudel, weil ihnen die verwandtschaftliche Bindung fehlt. Die Hierarchie ist situativ und bildet sich aus den Beziehungen zwischen den einzelnen Tieren.

Hunde akzeptieren den Menschen als Führungsperson, es ist wichtig, durch positive Verstärkung ein vertrauensvolles Verhältnis zum Hund aufzubauen. Die Hunde untereinander in einem Rudel lernen voneinander. Das Verhalten des älteren Hundes kann einem Welpen helfen, Verhaltensregeln und Tagesabläufe zu erlernen.

Zum Beispiel haben wir ja eine Hundeklappe, und so lernen die Welpen gleich von den älteren Hunden, dass man für sein Geschäft nach draußen geht und nicht ins Haus macht, oder sie lernen von den älteren Hunden ein gesundes Sozialverhalten, wie man sich untereinander verhält und wer wie etwas zu sagen hat.

Bei Phil ist das zum Beispiel so, wenn ich die ersten Male mit den Welpen draußen bin, dann liegt er immer etwas erhöht am Eingang und passt auf. Kommen die Welpen ihm zu nahe, dann knurrt er und hält sie auf Abstand. Ja, sie testen es immer wieder bei ihm, aber er bewahrt seine Position und setzt die Rangordnung auch bei den Welpen durch. Er ist der Chef.

Ich finde es immer wieder interessant, wie eine Gruppe Hunde, die tagein und tagaus im Rudel zusammenleben, ihre Rangordnung untereinander haben. Mein Rudel ist eher keine Hundegruppe, sondern lebt schon wie ein Wolfsrudel. Phil und Nike sind mit ihren acht Jahren die Ältesten und haben ja auch gemeinsam viele Welpen gehabt. Sie haben dadurch die ranghöchste Position im Rudel, und das habe ich auch immer gemerkt, gerade wenn es ums Decken ging.

Das war manchmal gar nicht so einfach. Vor allem, wenn Phil einfach aufgehört hat, die andere Hündin zu decken, wenn die ranghöchste Hündin, also Nike, in die Stehtage kam. Leider ist es immer so, wenn eine Hündin mit der Läufigkeit anfängt, dann beginnen die anderen Hündinnen auch mit der Läufigkeit, und so sind immer alle gleichzeitig läufig. Nun erkläre mal einem Rüden, nein, du darfst diesmal nur diese Hündin decken und nicht deine Lieblingshündin Nike. Ich war immer froh, wenn mindestens eine Woche Abstand war zwischen den Hündinnen.

Jetzt wo Nike kastriert ist, bin ich sehr gespannt, wie sich das alles im Rudel ändern wird.

Noch ist Nike die Alpha Hündin, die älteste Hündin, die Mutter.

Phil ist unser (inzwischen ehemaliger) Deckrüde, Nike unsere Rudelchefin, die inzwischen ebenfalls „in Rente“ ist. Lisa ist erst seit Dezember 2024 bei uns und in der Rangordnung noch weit unten, sie hält sich gerne aus allem raus. Wir haben dann noch Bibi im Rudel, die geht schon ihren eigenen Weg, seit sie acht Wochen alt war. Bei meinen Bernern sind dann noch Kira und Hasko. Hasko hat mit seinen vier Monaten noch nichts zu sagen, und für ihn ist das auch alles noch nicht so wichtig. Er darf noch alles und nimmt sich auch alles raus.

Ich habe aus dem letzten Wurf von Nike eine Hündin behalten. Sie ist quasi die Tochter der Rudelchefin und das merkt man auch. Sie nimmt sich eine Position raus, die sie normal nach dem Alter gar nicht hat. Kira ist noch eine Junghündin, die normalerweise am Ende des Rudels steht. Kira ist unsere Möchte-gern-Chefin, und den Job macht sie auch echt gut.

Ich denke, dass sie irgendwann die Position ihrer Mutter übernehmen wird. Das wird noch sehr spannend, wie sich das alles entwickeln wird. Denn im Moment ist sie in der Rangordnung gleich hinter Nike.

Auch mit Hasko wird das noch spannend. Er soll ja irgendwann in 1 ½ Jahren die Position des Deckrüden übernehmen und Phil ablösen. Ich hoffe, dass wir das gut hinbekommen ohne viel Krieg und Stress.

Natürlich ist es auf der einen Seite toll, so viele Hunde zu haben, aber auf der anderen Seite muss ich schon schauen, wer macht was und wer kann mit wem am besten.

Wenn ich meine Hunde füttere gibt es eine genaue Reihenfolge, wann wer und wo seinen Napf bekommt, damit es keine Unruhe gibt. Das klappt gut. Ist mal ein Urlaubshund dabei, dann kommen die immer in die Waschküche zum Fressen, damit es keinen Stress gibt.

Meine Freundin Andrea hat ihre Berner alle aus zwei großen Schalen fressen lassen. Ja, das wäre für mich einfacher, ich habe aber noch den Ehrgeiz, dass jeder Berner seinen Fressnapf hat und jeder sein eigenes Futter bekommt. Das ist im Grunde dann auch einfacher, wenn ich mal Medikamente geben muss oder wenn die Hündinnen in der Schwangerschaft oder mit Welpen mehr Futter bekommen. Spannend ist es immer, wenn ich mal weg bin und jemand anderes meine Hunde füttern muss. Bei mir sind die immer total artig und es klappt, aber keine Ahnung, ob das auch klappt, wenn ich weg bin. Es hat sich noch nie jemand beschwert. Der Berner lernt aber auch schnell und hat es schnell raus, wie es bei uns mit dem Füttern funktioniert.

Ansonsten haben meine Berner ja den Himmel auf Erden, wir haben eine Hundeklappe und so können sie Tag und Nacht immer rein und raus, wie sie wollen. Die Hälfte des Rudels hält sich eigentlich immer draußen auf und genießt es, im Schatten zu liegen oder mitten im Schnee.

Wenn ich mal wegfahre, so oft kommt es eigentlich nicht vor, dann sitzen mindestens drei Berner im Auslauf und heulen. Zwar nur kurz, aber sie heulen. Ich denke dann immer, dass ich bestimmt mal eine Anzeige wegen Tierquälerei bekomme, aber zum Glück denken sich die Leute im Dorf ihren Teil und haben bis jetzt noch auf die Anzeige verzichtet.

Zum Glück geht das Ganze immer nur fünf bis zehn Minuten, dann hören sie auf und legen sich schlafen oder führen irgendetwas im Schilde.

Ich habe im Moment neun Hunde, und jeder Hund hat eine gewisse Position im Rudel. So richtig kann ich das gar nicht sagen, wer an welcher Position steht, weil sich das auch gerade mit den Welpen manchmal ändert. Ich denke, dass z. B. mein alter Kalli (14 Jahre alter Malteser) an letzter Position im Rudel steht, auch durch das Alter und seine Größe, so dass sich daran nichts mehr ändern wird.

Wenn eine Hündin bei uns Welpen bekommt, dann ist immer auch das Rudel dabei.

Ich baue dann immer ein Gitter auf, damit die Hündin ihre Ruhe hat und nicht so bedrängt wird. Nach und nach darf das Rudel immer näher an die Welpen ran, und irgendwann laufen die Welpen dann im Rudel frei herum. Sie müssen dann immer noch bei manchen Hunden, zum Beispiel bei Phil, Abstand halten und den Respekt wahren. Er bleibt einfach der Chef im Rudel.

Züchter, Vermehrer, Hobbyzucht: Wo kaufe ich meinen Berner Welpen?

Wo bekomme ich einen guten, möglichst gesunden Berner Sennenhund Welpen her? Gerade wenn ich mir meinen ersten Hund kaufen möchte, an wen wende ich mich?

Ich hatte damals keine Ahnung und habe einen Welpen auf eine Anzeige aus der Tageszeitung gekauft. Meine Eltern hatten damals vor 40 Jahren ihren Hund auch auf eine Anzeige aus der Tageszeitung gekauft. Und heutzutage ist die Tageszeitung das Internet. Es gibt viele Apps, wo man suchen kann, aber wir Züchter annoncieren meist, wenn es nicht anders geht, bei „edogs“ (www.edogs.de) oder „Deine Tierwelt“ (www.deine-tierwelt.de). Damit haben wir immer gute Erfahrungen gemacht.

Gute Züchter kannst du auch über die Zuchtvereine finden oder einfach über Mundpropaganda. Das ist immer noch die beste Werbung.

Wenn du jetzt im Internet bei „Deine Tierwelt“ siehst, dass ein Berner Sennenhund zu verkaufen ist: Woher weißt du, dass der Anbieter legal züchtet oder die Welpen nicht im dunklen Keller hält?

Am Preis kannst du teilweise schon erkennen, ob der Welpe Papiere hat oder keine. Bei einem guten Züchter kannst du in alle Papiere schauen, wenn dich das interessiert. Die Welpen bekommen später beim Auszug auch ihre Ahnentafel mit. Eine Ahnentafel ist wie das Stammbuch beim Menschen. Es stehen alle Vorfahren drin: Mutter, Vater, Oma, Opa usw.

Was ist nun der Unterschied? Im Grunde bekommst du immer einen Welpen, aber was unterscheidet die drei Möglichkeiten, also Züchter, Vermehrer oder Hobbyzucht?

Du kannst natürlich auch aus dem Ausland kaufen, auch „Berner in Not“ (www.berner-sennenhunde-in-not.de oder berner-sennenhunde-nothilfe.de) ist eine Möglichkeit, dabei geht es aber meistens um ältere Hunde.

Der Züchter

Als Züchter bezeichne ich die Berner Züchter, die einen Wurf oder mehrere Würfe pro Jahr haben und das mit der Berner Zucht auch schon seit mehreren Jahren machen. Der Züchter ist in einem Verein, und alle Welpen bekommen einen Abstammungsnachweis oder einen Ahnenpass bei der Abgabe mit. Der Züchter nimmt nur ausgewählte Tiere für seine Zucht, schaut, wer mit wem verpaart werden kann, wer mit wem verwandt ist und was so gar nicht passt.

Im Alter zwischen 15 und 18 Monaten lassen wir Züchter alle unsere Tiere röntgen und untersuchen. Wir lassen einen Test auf Degenerative Myelopathie (DM), eine Augenuntersuchung und ein DNA Profil machen. DM beim Hund ist eine chronische, genetisch bedingte und nicht heilbare Rückenmarkserkrankung, die fortschreitend zum Absterben der Nervenbahnen in den Hinterläufen führt, was schließlich zu Lähmungen führt.

Mit all den Untersuchungen und Ergebnissen werden die Berner zuchttauglich geschrieben, oder auch mal nicht.

Jeder Züchter freut sich natürlich riesig, wenn seine Nachzucht als zuchttauglich beurteilt wird. Ein „Nein“ ist dagegen immer schwer zu akzeptieren – nicht nur, weil bereits Zeit, Liebe und auch Geld in den Berner investiert wurden.

Auch die emotionale Seite spielt eine große Rolle: Wir Züchter haben unsere Tiere lieb gewonnen, und es fällt uns nach zwei gemeinsamen Jahren oft äußerst schwer, sie wieder abzugeben.

Doch wenn wir verantwortungsvoll weiterzüchten wollen, müssen wir akzeptieren, dass nicht jedes Tier für die Zucht geeignet ist – und dass es manchmal notwendig ist, einen geliebten Hund in gute Hände weiterzugeben.

Das ist der Punkt, an dem viele mit der Zucht aufhören, denn es ist nicht leicht, seine Hunde wieder abzugeben. Ich hatte beim ersten Mal ein total schlechtes Gewissen, aber ich bin froh, dass ich den Schritt damals gemacht und für Anuk eine neue Familie gefunden habe. Sie kam mit dem Hofleben, den vielen Menschen und dem Freilauf auf dem Hof nicht zurecht. Nun hat Anuk ihre Familie gefunden, die ihr Sicherheit gibt und die sie auf Händen trägt. Es ist so schön zu sehen, wie der Hund aufblüht und es ihm einfach nur gut geht. Nicht jeder Hund kommt in einem Rudel zurecht.

Auch für Daisy habe ich Anfang des Jahres ein neues Zuhause gesucht. Nach einer schweren Gebärmutterentzündung mit OP und Kastration habe ich mich schweren Herzens entschieden, sie an ein älteres Ehepaar abzugeben. Das Ehepaar hatte gerade ihre Berner Hündin verloren und ihr Rüde war ganz traurig über den Verlust. Er war sieben Jahre alt, genauso wie Daisy. Ich war sehr unsicher, ob das klappt, weil sie bis jetzt seit sieben Jahren, vom Welpenalter an, bei mir gelebt hatte.

Aber sie hat ihr 5-Sterne-Zuhause gefunden. Bea schreibt mir immer: „Daisy und ihrem Personal geht es gut". Sie hat es dort super gut getroffen, sie klaut und versteckt da alles, und sie schläft bei Hartmut im Bett. Ich freue mich so sehr, dass alles gut klappt und sie ihr Rentnerleben so genießen kann und ihr „Personal" beschäftigt.

Alle Welpen vom Züchter bekommen einen Abstammungsnachweis, sind geimpft, haben regelmäßig ihre Wurmkuren erhalten, und der Tierarzt kontrolliert und begutachtet immer die Zuchtstätte und untersucht die Hündinnen und Welpen, ob alles in Ordnung ist. Nach dem kleinen Gesundheitscheck verlassen die Welpen nicht die Zuchtstätte, bevor der Tierarzt sein Ok gegeben hat.

Der Vermehrer

Ein Hund vom Vermehrer ist quasi ein Billigwelpe. Ein Vermehrer hält Hunde nur, um möglichst viele Welpen in kurzer Zeit zu produzieren. Er will einen hohen Profit erzielen und die Tiere werden auf niedrigem Niveau gehalten, z. B. ohne medizinische Versorgung, ohne ausreichend Futter oder saubere Unterkünfte.

Die Hunde leben oft im Stall oder im Keller, abgeschnitten von der Zivilisation, ohne Hilfe bei der Geburt. Ich mag gar nicht so viel darüber schreiben, weil diese Gedanken mich sehr traurig machen. Es wird so viel in den Medien darüber berichtet und es gibt so viele Tierschutzorganisationen, die helfen, und trotzdem schaffen es diese Menschen immer wieder, ihre Welpen zu verkaufen und neue zu produzieren. Die Dunkelziffer ist immer noch viel zu hoch.

Wir Züchter haben so viele Auflagen und Gesetze, die wir einhalten und befolgen müssen, aber die Vermehrer scheren sich nicht darum. Die machen im Keller einfach weiter, und die Tiere sind die Leidtragenden.

Die Vermehrer hoffen auf das Mitleid des Käufers, der das Tier nur retten will, aber leider passiert dann genau das Gegenteil. Dadurch, dass die Leute Geld bekommen haben für die Welpen, wird schwups wieder ein neuer Welpe produziert, weil die Masche geklappt hat. Leider auf Kosten der Tiere. Zum Beispiel wird die Hündin in jeder Läufigkeit eingedeckt und nicht, so wie wir Züchter es machen, mindestens eine Läufigkeit ausgelassen.

Es ist sehr traurig, wie mit dem Leid der Tiere umgegangen wird und das Mitleid der Leute ausgenutzt wird. Die Welpen werden meist aus dem Kofferraum heraus verkauft, ohne, dass man die Elterntiere zu Gesicht bekommt. Noch schlimmer ist es, wenn die Tiere auf einem Markt angeboten werden.

Der Vermehrer hat gar kein oder nur ein mangelndes Fachwissen über Genetik, Haltung und Verpaarungen. Die Elterntiere sind nicht geröntgt, sie werden wahllos ohne Wissen verpaart, egal ob sie gesund sind oder nicht. Hauptsache, es werden viele Welpen produziert.

Außerdem unterscheiden sich die Preise der Welpen vom Züchter deutlich von denen sogenannter Vermehrer. Die dort angebotenen Tiere werden häufig als „Billigwelpen" bezeichnet, da sie zu sehr niedrigen Preisen verkauft werden und qualitativ sowie gesundheitlich nicht mit Welpen vom seriösen Züchter vergleichbar sind.

Leider sind die Welpen von einem Vermehrer oft unterernährt und krank. Die Welpen und die Hündinnen bekommen keine Wurmkuren, werden zu früh von der Mutter getrennt oder werden nicht geimpft. Gerade die Wurmkuren wären bei den Kleinen und bei den Hündinnen sehr wichtig, da der Vermehrer auch nicht so auf die Hygiene bei den Hunden achtet. Viele Welpen sind total verwurmt und damit für alles anfällig. Ein starker Wurmbefall kann zu Dehydrierung, Mangelerscheinungen, Erbrechen, Durchfall oder Gewichtsverlust führen. Im schlimmsten Fall haben sie dadurch keine Überlebenschance und sterben. Auf alle Fälle gibt es eine hohe Tierarztrechnung.

Ich habe meinen Malteser Kalli aus Ungarn. Er kommt aus einem illegalen Welpenhandel von einem Vermehrer. Der Transport wurde an der Grenze gestoppt und beschlagnahmt. Es waren damals 45 Welpen in dem Transporter. Alle zu jung, unterernährt und verwurmt. Ich finde das ganz schlimm, was da mit den Hunden passiert.

Die Hobbyzucht

Ich meine mit Hobbyzucht alle, die quasi nur einmal einen Wurf von ihrer Hündin haben möchten, die ohne Papiere züchten oder wo eine Hündin aus Versehen Welpen bekommen hat, weil der Nachbarshund plötzlich vor der Tür stand.

Es wird die Geschichte mit dem Unfall erzählt: Plötzlich war der Nachbarshund über den Zaun gesprungen und hat mit der Hündin rumgespielt, und zack war er drauf und hing fest. Natürlich darf so etwas nicht passieren, aber als Besitzerin eines Deckrüden weiß ich, wie schnell das gehen kann, dass ein Rüde rauf, rein und festhängt. Die Tiere bekommen wir nicht mehr getrennt, ohne dass der Rüde dabei verletzt wird. Also macht es bitte nicht.

Diese Welpen werden dann ja auch verkauft ohne Papiere, nicht vom Züchter, aber auch nicht vom Vermehrer.

Genauso habe ich schon ganz viele Leute kennengelernt, die einfach nur einmal Welpen von ihrer Hündin haben möchten. Auch diese Welpen sind nicht vom Züchter, aber auch nicht vom Vermehrer.

Und es gibt Leute, die möchten nicht im Verein sein und züchten ohne Papiere. Viele haben ihre Tiere auch geröntgt, aber möchten „die teuren Papiere“ nicht haben und verkaufen die Welpen einen Tick günstiger.

Alle Hobbyzüchter haben eins gemeinsam: Sie haben alle Berner, die auch in der Familie leben, haben sich viel Mühe geben bei der Aufzucht und sich Hilfe beim Tierarzt geholt. Vielleicht läuft vieles nicht so professionell ab, weil die Routine und die Erfahrungen fehlen, aber dafür auch mit viel Liebe und Einsatz. Ja, es sind nicht alle Tiere geröntgt, weil es vielleicht ein Unfall war oder man einfach nur einmal Welpen wollte. Aber die Hobbyzüchter versuchen ihr Bestes, und es ist alles tausendmal besser als vom Vermehrer.

Auch ich hatte über Jahre den Wunsch, einmal von meiner kleinen Hündin Cassy Welpen zu bekommen. Leider hat Cassy nie aufgenommen. Cassy war keine Berner Dame, sie war ein Jack Russel Mix.

Nun habe ich es in diesem Jahr mit Coco, eine Malteser Dame ohne Papiere versucht: Und was soll ich sagen, es hat gleich das erste Mal geklappt und sie hat sechs Welpen bekommen. Sechs kunterbunte Mädels sind mal eben nebenbei unkompliziert im Büro zur Welt gekommen.

Das war eine super, süße Rasselbande. Die haben richtig viel Spaß gemacht. Einfach und unkompliziert war die Aufzucht. Jeden Tag habe ich die kleine Rasselbande im Bollerwagen mit ins Büro genommen. Da fiel mir das Arbeiten richtig schwer …

Aus meinem Leben als Züchterin

Das Decken

In all meinen Jahren als Züchterin habe ich immer wieder festgestellt, dass nur wenige Menschen wirklich wissen, wie ein Deckakt beim Hund abläuft und was dabei passiert.

Eigentlich ist es erschreckend, dass kaum jemand weiß, wie ein Deckakt beim Hund wirklich abläuft, obwohl doch der Hund zu den beliebtesten Haustieren gehört. In der Schule lernt man zwar einiges über Hunde, aber über den Deckakt erfährt man nichts. Viele Menschen denken, das ist wie beim Pferd oder einer Kuh. Der Rüde springt hinten auf, und damit wäre alles erledigt. Doch so einfach ist es leider nicht …

Dieses Thema Läufigkeit – wann ist die Hündin so weit, wann kann ich zum Rüden fahren, wann ist der richtige Zeitpunkt – ist wirklich eine Wissenschaft für sich. Daher ist es am besten und am einfachsten, wenn der Züchter einen Rüden im Rudel hat. Der weiß sofort, wann der richtige Zeitpunkt ist.

Ein guter Deckrüde verspielt nicht seine Energie. Ein Deckrüde weiß, wann eine Hündin ihren Eisprung hatte und wann der richtige Zeitpunkt zur Fortpflanzung ist. Und vor allem, wann ihn die Hündin gewähren lässt, weil sie so weit ist und er aufreiten darf.

Als Hundebesitzerin finde ich es wirklich wichtig, darüber Bescheid zu wissen: Wenn ein Rüde mal bei der Hündin „eingedrungen" ist, dann kann man die beiden nicht mehr trennen, ohne dass, ganz einfach gesagt, etwas verletzt oder beschädigt wird.

Aber einmal von vorne und nur das Wichtigste:

Eine Hündin ist läufig und blutet. Sie hat etwa vom 8. bis zum 14. Tag ihre Stehtage, d. h. sie ist fruchtbar und deckbereit, dann hat sich die Farbe des Blutes in eine hellere, dünnflüssigere Flüssigkeit verändert.

Am wievielten Tag das genau ist, ist bei den Hündinnen völlig unterschiedlich, je nachdem, wie jede Hündin ihren Eisprung hat. Haben die Hündinnen ihren Eisprung, dann wollen diese auch gedeckt werden, so dass sie sich vor den Rüden hinstellen und ihre Rute zur Seite klappen. Das ist immer ein gutes, sichtbares Zeichen, dass die Hündinnen die Rüden aufreiten lassen.

Nun dürfen die Rüden ohne Probleme aufreiten, das heißt, sie klettern von hinten auf die Hündin rauf, und wenn die Hündin so weit ist, dann darf der Rüde eindringen. Ist der Rüde bei der Hündin eingedrungen, dann steigt er um, das heißt der Rüde dreht sich einmal und beide stehen Po an Po und hängen fest.

Der Deckakt, das „Hängenbleiben", kann bis zu 15 Minuten dauern, und wir Züchter bleiben dann immer bei den beiden stehen, damit keiner mit dem anderen herumläuft.

In der Zeit des Hängenbleibens fließen die Samen von dem Rüden von A nach B, und auch hier kann ich die Hunde erst trennen, wenn die Hündin den Rüden loslässt.

Sind die beiden fertig, dann lösen sie sich und gehen beide ihres Weges. Das Lösen muss von den Hunden ausgehen, auch das kann ich nicht erzwingen.

In einem Rudel kommt es häufig vor, dass, sobald eine Hündin läufig wird, die anderen Hündinnen kurze Zeit später ebenfalls läufig werden. So sind immer alle gleichzeitig oder schnell hintereinander läufig. Wenn ich eindecken möchte, ist das manchmal nicht besonders praktisch, denn dadurch kommt es immer wieder vor, dass ich zwei Hündinnen gleichzeitig eingedeckt habe.

Phil, unser Deckrüde, ist immer sehr vorsichtig und behutsam, und gerade bei Junghündinnen hat er immer einen guten Job gemacht. Die Tiere haben auch so eine Art Vorspiel und der Rüde umwirbt die Hündin, die manchmal ganz schön zickig sein kann. Gerade wenn es das erste Mal ist, lässt sie den Rüden ganz schön zappeln, und Phil muss alle Register ziehen, um zu treffen.

Ich habe es schon erlebt, dass die Hündin Phil nicht raufgelassen hat. Keine Chance, die können sich hinsetzen, hinlegen oder ganz geschickt wegdrehen. Dann ist der Zeitpunkt noch nicht richtig. Falls der Zeitpunkt zu spät ist, muss der Züchter wieder ein halbes Jahr warten. Manchmal ist es einfach noch zu früh, dann muss der Züchter am nächsten Tag noch einmal mit der Hündin zum Rüden fahren.

Der Tierarzt kann bei den Hündinnen einen Progesteron Test (Bluttest) machen in der Läufigkeit, damit kann er den Tag sehr genau bestimmen, wann der richtige Zeitpunkt zum Decken ist. So kann sich der Züchter vom Tierarzt Unterstützung holen, das ist praktisch, gerade wenn er fahren muss. Der ideale Zeitpunkt fürs Decken liegt zwei bis vier Tage nach dem Eisprung und dieser liegt neun bis zehn Tage nach Beginn der Läufigkeit.

Nach ca. 21 bis 28 Tagen kann der Tierarzt per Ultraschall schauen, ob die Hündin tragend ist. Ich finde es immer sehr spannend, auf dem Ultraschallgerät zu schauen, ob die Hündin tragend ist oder nicht. Der Stichtag der Hündin ist der 63. Tag seit dem letzten gedeckten Tag.

Der Tierarzt kann auch am 58. Tag eine Röntgenaufnahme von der Hündin machen, darauf kann ich dann alle Wirbelsäulen der Welpen zählen.

Das ist total spannend, ich habe es bei meiner ersten Berner Hündin auch gemacht, weil ich einmal Wirbelsäulen zählen wollte, aber ich habe es später nicht mehr gemacht, weil mir der Stress für die Hündin am 58. Tag zu groß ist.

Wenn ich weiß, dass alles geklappt hat und meine Hündin tragend ist, dann baue ich allmählich die Wurfkiste im Wohnzimmer auf und bereite alles für die Geburt vor. Ich habe neben der Wurfkiste immer einen Wagen mit Handtüchern stehen, dazu brauche ich meine Waage und kleine Halsbänder. Das ist ganz wichtig, da ich die Berner am Anfang immer ganz schlecht auseinanderhalten kann. Manchmal geht es ohne Problem, aber manchmal sehen die Welpen alle gleich aus oder sehen sich sehr ähnlich.

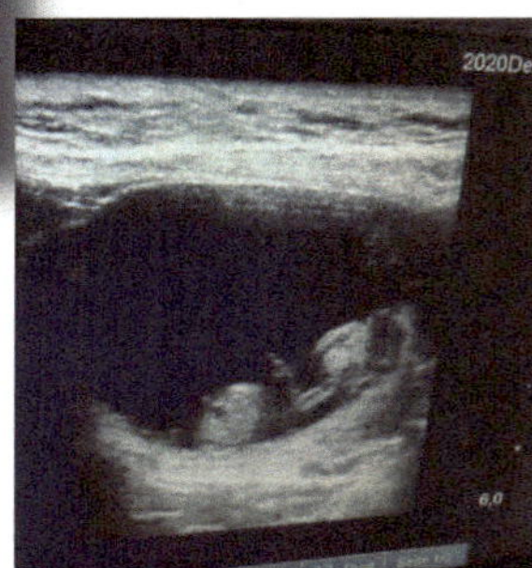

Die Geburt

Wie auch beim Menschen ist die Geburt ein wunderschönes, anstrengendes und aufregendes Ereignis – eigentlich das Schönste, was ich mir vorstellen kann. Neues Leben entsteht, und bis alle Welpen da sind, muss ich als Züchterin ruhig bleiben und einfach für meine Hündin da sein. Es kann während einer Geburt viel passieren: Komplikationen, tote Welpen oder sogar ein Kaiserschnitt. Leben und Tod liegen hier sehr nah beieinander. Natürlich hoffe ich immer, dass alles gut verläuft und Mama sowie Welpen wohlauf sind.

Eine Geburt kann sich über viele Stunden hinziehen. Früher dachte ich, dass Berner Welpen nacheinander im Zehn-Minuten-Abstand geboren werden – das wäre schön, ist aber selten so. Zwischen zwei Welpen können bis zu zwei Stunden liegen, manchmal sogar länger. Läuft eine Geburt zügig, kommt etwa alle halbe bis ganze Stunde ein Welpe zur Welt.

Die ersten Anzeichen der Geburt sind Unruhe, abfallende Körpertemperatur, Nestbau und sie frisst nicht. Spätestens, wenn die Hündin stark hechelt, bereite ich alles vor. Jede Geburt verläuft anders, und ich muss flexibel bleiben. Wie beim Menschen, so ist das auch bei den Hunden.

Die Hündin bekommt Presswehen und bringt jeden Welpen mitsamt eigener Fruchtblase zur Welt. Diese öffnet sie normalerweise selbst, genau wie sie die Nabelschnur durchtrennt und den Welpen säubert. Dabei fressen viele Hündinnen die Nachgeburt – ein natürliches Verhalten, das ihnen hilft, ihren Energiehaushalt wieder aufzufüllen. Die meisten Welpen kommen mit dem Kopf zuerst, aber beim Hund ist es auch nicht schlimm, wenn mal der Popo zuerst kommt.

Die Hündin leckt den Welpen trocken und regt damit den Kreislauf des Welpen an. Nun warte ich geduldig auf den ersten „Brüller" ... ein Zeichen, dass der Welpe lebensfroh und bereit für die Milchbar ist.

Natürlich helfe ich immer ein bisschen, damit sie den Weg zur Milchbar schnell und ohne Hindernisse finden. Es ist wichtig, dass jeder Welpe möglichst schnell „die erste Milch“ bekommt. Das Kolostrum (Erstlingsmilch) ist sehr wichtig für jeden Welpen. Sie enthält wertvolle Abwehrstoffe sowie Wachstumsfaktoren, die für das Immunsystem wichtig sind, lebensnotwendige Antikörper und schützt die Welpen vor Krankheiten.

Ich helfe der Mama immer beim Trocknen der Welpen. Dabei schaue ich dann nach dem Geschlecht, mache mir Notizen, wann der Welpe auf die Welt gekommen ist und wiege ihn gleich einmal. Zu guter Letzt bekommen bei mir die Welpen ein Halsband um, damit ich die Welpen nicht noch durcheinanderbringe. So habe ich immer gleich einen guten Überblick. Das Gewicht der Welpen kann schon mal von 280 g bis 650 g schwanken, wobei es innerhalb des Wurfes meist recht ähnlich ist.

Als Züchterin bin ich erst zufrieden, wenn die Neugeborenen alle trinken, wenn die Mama ihre Welpen sauber gemacht hat, wenn alle Berner gesund und munter auf der Welt sind und friedlich in der Wurfkiste liegen. Und ganz wichtig, die Mama muss auch entspannt bei ihren Welpen liegen. Dann kann ich meist davon ausgehen, dass alles gut gelaufen ist und alle glücklich sind.

Von Natur aus machen die Mamas vieles selbst und im Grunde brauche ich nicht zu helfen … Ich unterstütze quasi die Mama bei der Geburt und muss eigentlich nur eingreifen, wenn es zu Komplikationen kommt. Manchmal habe ich aber das Gefühl, dass meine Hündinnen froh sind, wenn ich einfach da bin.

Die Geburt ist für jede Hündin anstrengend, gerade wenn sie zehn Welpen bekommen hat oder bei Komplikationen. Es kann auch mal zu einem Kaiserschnitt kommen. Alles ist leider möglich. In unserem Rudel habe ich schon erlebt, dass eine andere Hündin einspringt, die Welpen wärmt und säubert, bis die Mutter wieder fit ist. Trotzdem achte ich darauf, dass wirklich die richtige Mama in der Wurfkiste bei den Welpen ist.

Unsere Oma, früher super tolle Zuchthündin, steht den jüngeren Hündinnen immer bei und hilft dann auch mal aus, wenn die Berner Mama noch nicht ganz so weit ist, gerade nach einem Kaiserschnitt.

In der Regel hoffe ich natürlich immer, dass alles gut verläuft bei der Geburt und alle Welpen fit und munter sind … ich sage immer, es hört sich an, wie lauter zufriedene, quietschende Meerschweinchen. Ein Geräusch der Zufriedenheit und Entspanntheit tritt ein und ich weiß dann, jetzt ist alles gut gelaufen. Man sieht es der stolzen Mama an, wenn alle zufrieden sind.

Natürlich läuft nicht jede Geburt perfekt. Manchmal verlieren wir einen Welpen oder einer kommt bereits tot zur Welt. Das passiert sehr schnell, wenn die Geburt zu lange dauert oder der Welpe zu lange im Geburtskanal feststeckt.

Der Tod gehört leider dazu bei einer Geburt, und tut uns Züchtern immer im Herzen weh, so dass wir nicht gerne darüber reden. Tod und Geburt liegen immer sehr dicht beieinander und wir freuen uns für jeden Welpen, den wir wieder ins Leben zurückholen können.

In den Tagen nach der Geburt kontrolliere ich regelmäßig das Gewicht, um sicherzugehen, dass alle gut zunehmen. Als erfahrende Züchterin sehe ich auch, ob die Welpen gut zunehmen, ob es der Hündin gut geht und ob alles „nach Plan“ läuft. Ich möchte natürlich die Hündin mit ihren Welpen so wenig wie möglich stören, damit sie ihre Ruhe haben und einfach die Tage genießen können. Nimmt ein Welpe ab, bekommt er eine Extraportion Milch oder ich muss direkt zufüttern.

Eine Geburt dauert manchmal ziemlich lange. Wenn jeder Welpe eine Stunde braucht und es zehn Welpen sind, dann dauert die Geburt um die 10-12 Stunden. Ich gebe immer Globuli, in der Hoffnung, dass die

Geburt damit etwas schneller geht. Und ich lasse sie sich bewegen, wenn gerade Pause ist. Meine Daisy bekam ihre Welpen am liebsten im Hundeauslauf. Sie ist immer aus der Wurfkiste raus in den Auslauf und hat da ihren Welpen bekommen. Wenn ich schnell genug war, trug ich den Welpen in die Wurfkiste zurück – und manchmal brachte Daisy ihn selbst im Maul die Treppe hoch. Im Sommer geht das, im Winter natürlich nicht.

Als Züchterin brauche ich Ruhe, Geduld und Einfühlungsvermögen. Manchmal liegen auch drei Stunden zwischen zwei Welpen – ein Grenzfall, denn dann kommen sie häufig tot zur Welt.

Ich habe schon einmal gedacht, dass die Geburt abgeschlossen war. Alles war sauber, die Hündin entspannt, und ich ging kurz ins Büro. Die Hündin hatte jetzt ein paar Minuten Ruhe nach der anstrengenden Geburt. Als ich zwei bis drei Stunden später noch einmal nach den Welpen und der Hündin schauen wollte, habe ich die Welpen bestimmt dreimal gezählt. Es war ein Welpe mehr ... ohne Halsband und quicklebendig. Ein kleines Wunder nach 14 Stunden!

Generell sagt man, dass eine Geburt nicht länger als zwölf Stunden dauern sollte. Danach schaffen die meisten Welpen es nicht mehr und kommen nur noch tot zur Welt. Auch wenn sie im Geburtskanal stecken bleiben, werden sie meist nur noch tot geboren. Ich bin jedes Mal froh, wenn alles ohne Klinikbesuch abläuft, denn ein Kaiserschnitt kostet heute rund 3.500 Euro. Bei zwei Junghündinnen war er jedoch notwendig: Anuk hörte jedes Mal kurz vor der Austreibung auf zu pressen, und bei Bibi waren die Presswehen viel zu schwach.

Wenn alle Welpen trocken und zufrieden an der Milchbar liegen, dann kann auch die Hündin endlich zur Ruhe kommen, etwas essen und schlafen. Und dann gehe auch ich ins Bett.

Die meisten Geburten beginnen nachts, weil da alles still und ruhig ist und die Hündin langsam zur Ruhe kommt. Doch es gab auch besondere Geburten: So kam der erste Welpe im Reiterstübchen zur Welt, ein erster Welpe von Nike kam noch auf dem Weg vom Ferienhaus zur Wurfkiste zur Welt.

Und meine kleine Coco bekam ihre Welpen im Büro – im laufenden Betrieb mit den Tageskindern. Alle halbe Stunde kam ein Welpe! Die kleine Hündin hat das so toll gemacht.

Die Aufzucht

Es ist sagenhaft, wie schnell sich die Hündinnen von der Geburt erholen. Klar, bei einem Kaiserschnitt braucht die Hündin etwas länger, aber ohne Komplikationen erholt sie sich sehr schnell. Nun beginnt die Aufzucht. In den ersten drei Wochen, sage ich immer, haben wir „quietschende Meerschweinchen" in der Wurfkiste liegen.

Es quietscht eigentlich den ganzen Tag zufrieden und entspannt. Ich höre schon am Quietschen, ob in der Wurfkiste alles in Ordnung ist. Viele fragen immer, wie ich bei dem Gequietsche und Gefiepe schlafen kann, aber das kann ich. Es ist auch in jedem Wurf unterschiedlich. Wenn sie Hunger haben, dann wird es lauter, aber ansonsten ist es ein zufriedenes Geräusch.

Die Berner Muttis sind voll damit beschäftigt, selbständig die Welpen zu säubern, zu massieren und zu pflegen. Die meisten gehen die ersten Tage nicht aus der Wurfkiste, wenn die anderen in der Nähe sind. Erst wenn es ruhig ist, dann gehen sie schnell einmal vor die Tür für das Geschäft und dann ganz schnell wieder zurück in die Wurfkiste.

Ich habe oft sogar schon Probleme bei den Hündinnen, die Wurfkiste einmal aufzuräumen und frisch zu machen. Es muss dann immer der große Wäschekorb her und da kommen alle Welpen rein. Dann kann ich auch alle Welpen wiegen, alles sauber machen und schauen, ob alles so weit in Ordnung ist.

Die Mama ist dann immer am Anfang ganz aufgeregt und kontrolliert bei allem mit, bis alle wieder bei ihr in der Wurfkiste sind. Tag für Tag entspannt sich das immer mehr, und irgendwann dürfen auch langsam die anderen Berner schauen kommen. Es ist auch immer so, dass die Hündin in den ersten Tagen mit in der Wurfkiste liegt und sich von Tag zu Tag weiter entfernt. Erst liegen die Hündinnen vor der Kiste und irgendwann liegen sie vorne im Flur. Aber auch das ist von Hündin zu Hündin und von Wurf zu Wurf unterschiedlich. Ich muss immer schauen, wie es läuft. Die Hündinnen gehen dann nur noch zum Stillen und Saubermachen der Welpen in die Wurfkiste.

Bei der einen Hündin geht das schneller und bei der anderen dauert der Prozess länger. Das ist so. Die Hündinnen haben aber instinktiv alles alleine im Griff und ich habe meist nur eine beobachtende Funktion.

Es ist zum Beispiel total faszinierend, wenn ein Welpe den falschen Weg einschlägt, sich von der Mutter entfernt und die Mutter dann nicht gleich wiederfindet.

Die Augen öffnet der Welpe ja erst mit 10-14 Tagen, aber wie findet er jetzt die Mutter wieder, wenn er noch nicht sehen kann? Der Welpe verlässt sich auf den Geruchs- und Tastsinn, sowie die Wärme der Mutter und die Milch.

Mit drei Wochen ziehen die Welpen um ins Welpenzimmer, wo ich am Anfang einen kleinen Auslauf mit Gittern aufgebaut habe, der langsam immer größer wird, bis sie, je nachdem wie groß der Wurf ist, das ganze Welpenzimmer in Beschlag nehmen können. Außerdem dürfen jetzt auch die ersten Interessenten zu Besuch kommen und ihren Berner aussuchen. Das sind immer ganz spannende Tage, weil die meisten Kunden schon ein oder zwei Favoriten über Fotos und Videos ausgewählt haben. Nun wollen sie sich dann endlich fest entscheiden. Viele freuen sich ganz doll, endlich ihren Berner Welpen zu sehen, auszusuchen, zu kuscheln und dann festzulegen: Das wird unser Berner.

Beate Forsbach hat mich mal gefragt, wie ich mich je von all den Welpen trennen kann. Und ich habe zu ihr gesagt, es gibt nichts Schöneres, wenn ich die Leute glücklich machen kann, wenn sie durch einen Berner ein Leuchten in die Augen bekommen und ein Lächeln ins Gesicht. Darauf hat Beate gesagt: „Ja, die Augen leuchten und das Herz singt."

Ich liebe diese Tage, weil alle so ein Leuchten in den Augen haben, das ist so schön.

Jeden Tag werden die Welpen ein Stück größer und schwerer. Je nachdem, wie groß der Wurf ist, fange ich langsam an, den Wurf zuzufüttern. Es gibt eigentlich kein Schema F bei der Aufzucht, denn von Wurf zu Wurf ist die Aufzucht unterschiedlich und ich entscheide das immer mal so, mal so. Wichtig ist, wie es den Welpen und der Mama geht, und dann entscheide ich.

Natürlich gibt es ein Grundgerüst: Geburt, nach 10-14 Tage gehen die Augen auf und die Gehörgänge öffnen sich langsam, mit drei Wochen Umzug, Besuch, zufüttern, 5./6. Woche langsam nach draußen, Besuch, Tierarzt, zwischendurch Wurmkur usw.

Aber in natura muss ich immer flexibel sein und schauen, wie es der Hündin und den Welpen geht.

Nach einem Kaiserschnitt habe ich schon erlebt, dass die Hündin, damals war es meine Bibi, gar nicht verstanden hat, dass das ihre Welpen sind und daher nicht in der Lage war, sich um die Welpen zu kümmern. Bibi hatte erst keine bzw. kaum Milch, die war noch nicht richtig eingeschossen, da habe ich dann angefangen, etwas Milch zuzufüttern, weil die Welpen langsam abgenommen haben.

Nike, unsere Rentnerin ist dann immer in die Wurfkiste gegangen und hat auf die Welpen aufgepasst und sie warmgehalten. Manchmal lagen sogar beide Hündinnen in der Wurfkiste und beide hatten Welpen bei sich liegen. Da musste ich natürlich echt ein Auge draufhaben. Natürlich ist das niedlich, wenn Nike ihr da hilft, aber ich habe sie dann immer nach einer Weile wieder rausgeschickt, damit Bibi ihre Mutterrolle lernt: A – Milcheinschuss und B – ich bin die Mama. Ich war schon auch ein bisschen stolz auf meine Nike, dass sie da geholfen hat und sich zur rechten Zeit wieder zurückzog, um Bibi die Mutterrolle zu überlassen. Ich sah Nike an, dass es ihr schwerfiel. Nike war eine tolle Mama, eine Mama durch und durch.

Je nach Wurf und Wurfstärke, meist mit drei Wochen, fange ich an, die Welpen zuzufüttern. Die Zähne kommen nämlich so langsam durch und so fangen die kleinen Monster an, die Mama mit ihren spitzen Zähnen am Gesäuge zu ärgern. Am Anfang mache ich immer mit Aufzuchttrockenfutter einen Brei, bis die Zähne da sind, und dann gibt es Fleisch und feste Nahrung.

Die Welpen werden jetzt Tag für Tag fitter und erkunden immer mehr ihre Umgebung.

Aus den Meerschweinchen werden dicke Wonneproppen, die nun auch ihre eigene Stimme austesten. Immer häufiger hört man ein Knurren oder ein Bellen aus dem Zimmer der Welpen. Manchmal habe ich das Gefühl, sie erschrecken sich über ihre eigene Stimme, was die so hervorbringt.

Auch das Rudel darf sich die Welpen anschauen. Die kleinen quietschenden Meerschweinchen werden langsam richtige kleine Berner und immer mehr im Rudel aufgenommen.

So langsam kommt Leben in die Bude und die Welpen laufen frei im Rudel herum. Das entscheide ich auch aus dem Bauch heraus, je nach Mama und Situation entscheide ich alle Schritte, wie ich was mache.

Die Aufzucht geht so schnell, innerhalb von kürzester Zeit sind aus den kleinen blinden Meerschweinchen stattliche Plüschmonster von 7-9 kg geworden.

Klar, was Wurmkur und Impfungen angeht, das ist immer gleich, aber über Futter, Auslauf usw. entscheide ich immer aus der Situation heraus.

Ich habe ja eine Hundeklappe im Haus, so dass die Berner immer rein und raus gehen können, wie sie wollen. Wenn das Wetter warm ist und trocken, dann fange ich in der 5./6. Woche an mit dem Rauslassen der Welpen, bzw. sie lernen die Hundeklappe kennen. Das lernen die Welpen ganz schnell und dann können sie den ganzen Tag auch rein und raus, wie sie möchten. Natürlich muss ich schauen, dass sich keiner in die pralle Sonne legt und da einschläft oder in den strömenden Regen. Später ab der 8. Woche ist es nicht mehr so schlimm und ich brauche das Wetter nicht mehr so im Blick zu haben.

Die Berner lernen eigentlich sehr schnell und so haben sie schnell raus, wie das mit der Hundeklappe funktioniert und dass sie die Welt im Außengelände mit all den Spielsachen auch noch erkunden müssen. Die Welpen bekommen jetzt regelmäßig Besuch von ihren neuen Besitzern im Auslauf. Die können so die Welpen aufwachsen sehen und mit ihnen kuscheln und die ersten Kontakte herstellen.

Ab der 8./9. Woche ziehen die Welpen langsam wieder aus. Die Zeit vergeht immer so schnell, und dann sind die Kleinen schon wieder so groß und gehen in ihr eigenes Leben.

Am Abgabetag sehe ich dann nur strahlende Gesichter vor mir, die eigentlich nicht wissen, wo oben oder unten ist. Die neuen Welpenkäufer sind oft so aufgeregt, dass sie gar nichts mehr mitbekommen.

Beate Forsbach schrieb in ihrem Buch „Und dann kam Frieda“ (S. 70):

„Der Moment, als ich sie auf dem Arm hatte und wir das ‚Abschiedsfoto‘ mit Frauke aufgenommen haben, war für mich der glücklichste Moment im Jahr 2022. Als ich die kleine Frieda durch den Garten zum Auto trug, liefen Tränen des Glücks und der Rührung.“

Nun ist beim Züchter die Aufzucht schon wieder vorbei und es geht ins neue Zuhause zu den neuen Berner Besitzern. Dort startet jetzt eine anstrengende, aber schöne Zeit, die viel Einfühlungsvermögen, Verantwortung, Geduld, Toleranz, Verständnis und viel, sehr viel Zeit fordert, aber natürlich auch viel Freude bereitet und immer wieder ein Lächeln ins Gesicht „zaubert".

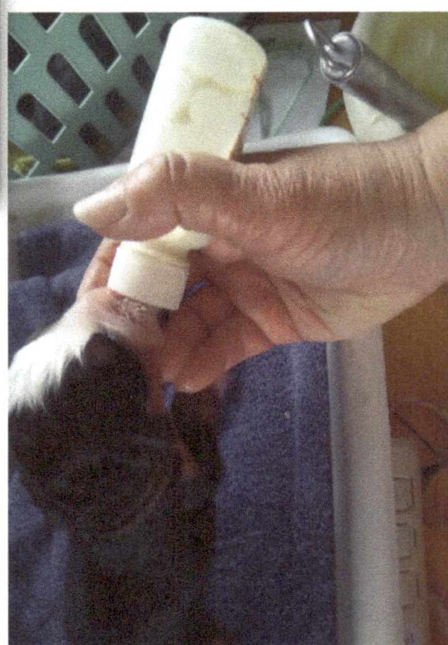

Familienhund/Bürohund/Therapiehund/ Rettungshund/Schulhund

Der Berner ist ein sehr vielseitiger Hund, er ist überall einsetzbar, nur vielleicht nicht so gut geeignet als Jagdhund. Der Berner war ja im Ursprung als Hofhund für die Bauern gezüchtet worden, so dass er frei auf dem Hof bleibt und dort seinen Aufgaben nachgeht. Da würde der Jagdtrieb, das unerlaubte Verlassen des Hofes, nicht gut passen. Natürlich ist auch ein Jagdinstinkt als angeborenes Verhalten in einem Berner vorhanden, aber wenn man das nicht weiter fördert und in den Vordergrund schiebt, dann wird er eher die Ente lebend und klitschnass, weil er sie abgeleckt hat, mitbringen als tot.

Auch ist er sicher kein Hund für den Agility Hundesport, denn er ist alles andere als schnell und wendig, aber er ist ein toller Familienhund, ein toller Lebenspartner und Weggefährte, der seinem Menschen immer treu zur Seite steht und zu ihm hält. Er wird auf ihn aufpassen und auch seinen Hof und Grund lautstark verteidigen. Der Berner ist nicht aggressiv, aber trotzdem wachsam.

Bürohund

Ich habe viele Kunden, die ihren Berner mit ins Büro nehmen. Mit seiner freundlichen Art wickelt er schnell die Kollegen um den Finger und keiner kann mehr richtig arbeiten.

Der Berner strahlt durch seine Ruhe und nur durch seine Anwesenheit eine Entspanntheit aus, so dass im Büro gleich ein freundlicheres und entspannteres Klima herrscht. Viele Chefs finden es mittlerweile gut, wenn Hunde mit ins Büro gebracht werden. Experten sind sogar der Meinung, dass ein Hund chronischen Stress verhindert und Burnout vorbeugt. Es ist ruhiger im Büro und das Miteinander der Kollegen untereinander ist nicht nur entspannter, sondern es herrscht auch eine viel bessere Atmosphäre.

Der Berner ist glücklich und zufrieden, wenn er bei Frauchen oder Herrchen bleiben kann. Und wenn er gut sozialisiert wird, hat er auch keine Probleme mit anderen Hunden, die auch noch mit im Büro sind. Der Berner quetscht sich, wenn es sein muss, in die kleinste Ecke, nur damit er dabei sein kann.

Du hast vermutlich eher das Problem, dass du vor lauter Niedlichkeit nicht arbeiten kannst. So ein Berner Welpe hat es faustdick hinter den Ohren und weiß ganz genau, wer die Leckerlis hat, wo sie sind und wer die meisten Kuscheleinheiten austeilt.

So ein Berner sorgt für ein entspanntes, ausgeglichenes und ruhiges Betriebsklima, in dem das zwischenmenschliche Verhalten gefördert wird.

Möchte der neue Welpen Besitzer seinen Berner mit ins Büro nehmen, sollte er das vorher mit seinem Chef abklären, damit der Kleine dann mit ins Büro darf.

Vor allem muss abgeklärt werden, ob Kollegen allergisch auf Hunde reagieren. Der Berner bringt eine Menge Fell mit, und leider reagieren manche Menschen auf sein Fell.

Therapiehund

Viele Berner werden auch als Therapiehund eingesetzt. Mit ihrem ruhigen und ausgeglichenen Wesen bringen sie die besten Voraussetzungen für diese Aufgabe mit, ganz besonders, wenn sie von klein auf mit dem jeweiligen Job vertraut gemacht wird. Ich habe schon viele Berner kennengelernt, auch einige aus meiner Zucht, die als Therapiehunde arbeiten und einen super tollen Job machen.

Ob im Altersheim, im Kindergarten oder im Krankenhaus, diese sanften Riesen sind mit ihrer offenen, freundlichen Art herzlich willkommen.

Sie lernen schnell und setzen das Gelernte – vor allem, wenn viele Leckerlis im Spiel sind – zuverlässig um.

Und wenn es ums Kuscheln oder ums Essen geht, ist der Berner sowieso immer mit voller Begeisterung dabei.

„Hunde vermitteln ein Gefühl von Wärme, Sicherheit und Geborgenheit – einfach nur, weil sie da sind. Die Anwesenheit eines freundlichen und offenen Hundes kann, wie Wissenschaftler herausgefunden haben, nachweislich unseren Blutdruck senken, Stress, Aggressionen oder Unsicherheiten reduzieren und deutlich zum Wohlbefinden beitragen."[6]

Mein Phil und meine Daisy waren beide Besuchshunde und haben vor allem den Kindern im Kindergarten eine große Freude gemacht. Ja, es gibt viele Leute und gerade Kinder, die erst Angst und Respekt vor dem großen, dreifarbigen Hund haben, aber durch Vertrauen und ihre Art verlieren sie schnell ihre Unsicherheit und die Angst vor dem Berner, und dann wird viel gekuschelt. Der Berner schafft es sehr schnell, dass die Unsicherheit in Neugierde und „ich will dich kuscheln" übergeht.

„Viele Kinder, aber auch ältere Menschen und Kranke genießen es, den Berner einfach nur zu streicheln, ihn zu spüren und ihn zu kuscheln. Therapiehunde sind Eisbrecher, Spannungslöser, Bedürfnisaufdecker, Brückenbauer. Sie zeigen sich vorurteilslos, geduldig, menschorientiert und zärtlich." (Ursula Sissener, Begründerin des Therapiehunde-Vereins)[7]

Rettungshund

Ehrenamtlich war ich mit meinem Deckrüden Phil und meiner Hündin Bibi in der Rettungshundestaffel aktiv, wo wir gemeinsam die anspruchsvolle Ausbildung zum Flächensuchhund absolvierten.

6 www.zooplus.de/magazin/hund/hundeerziehung/therapiehunde
7 www.therapiehunde.ch/

Beide Hunde haben das sehr gut gemacht und hatten viel Spaß in ihrem Job. Natürlich sind die Berner nicht solche Ausdauerhunde, wie z. B. ein Jagdhund oder ein Border Collie, aber sie machen sich in Ruhe und zielsicher auf die Suche. Ihre gute Nase, der Arbeitswille, und der Trieb nach Futter, macht sie zu einem zuverlässigen Rettungshund.

Sie haben beide schon im Freilauf nach Menschengeruch gesucht, im Wald oder im schlecht einsehbaren Gelände, wo die Drohnen nichts finden können, da fängt die Suche der Hunde an. Gezielt und ordentlich suchen sie die zugeteilten Gebiete nach Menschen ab. Die demenzkranke Oma, die den Weg nicht mehr gefunden hat oder das Kind, das sich verlaufen hat. Systematisch und gezielt im Team mit ihren Herrchen oder Frauchen werden die Gebiete abgesucht. Für Berner ist es ein Spiel, eine Lust, die Menschen zu suchen. Gerade in den Bergen kommt ihnen im Winter noch ihr Fell zugute, das sie gegen die Kälte schützt.

Schulhund

Immer häufiger begegnen uns in den Schulen Hunde, es sind Schulhunde, Lesehunde oder Assistenzhunde. Immer häufiger sind es Berner Sennenhunde. Durch ihre Ruhe, ihr freundliches Wesen und ihre Geduld gerade Kindern gegenüber eignen sie sich sehr gut für diese Aufgaben. Alle Hunde müssen eine Fachausbildung machen und das nötige Etwas mitbringen. Sie dürfen sich nicht so schnell aus der Ruhe bringen lassen.

„Was für Aufgaben hat ein Schulhund? Die Anwesenheit eines Schulhundes im Unterricht soll sich positiv auf das Klassenklima, die Lernleistung, die Entwicklung sozialer und emotionaler Kompetenzen sowie allgemein auf die Einstellung zur Schule auswirken. Der Hund übernimmt sozusagen eine psychologische, pädagogische und sozialintegrative Funktion." (Schulhunde – Co-Pädagogen auf vier Pfoten)[8]

8 www.betzold.de/blog/schulhund/

Familienhund/Partner

Und der Berner ist natürlich auch ein gern gesehener Familienhund und treuer Partner. Er ist sehr beliebt als Familienhund, aber auch als Partner für Einzelpersonen oder für Pärchen. Der Berner ist nicht gerne alleine, er hat immer gerne sein Rudel, den Menschen um sich und passt auf ihn auf. Er ist sehr anhänglich und liebt es, überall mitgenommen zu werden. Mein erster Berner ist überall mitgekommen, und wenn er im Auto bleiben musste, das war ihm egal, Hauptsache er durfte mit. Zuhause hat er wohl immer viel geheult, na ja, und da haben sich die Nachbarn etwas beschwert.

Das ist das Schöne an einem Berner Sennenhund, er ist flexibel, für viele Aufgaben einsetzbar, genügsam und immer bemüht, für seinen Menschen da zu sein und es ihm recht zu machen.

Berner machen geduldig alle Aufgaben, die sie bekommen. Sie erfreuen sich, wenn sie im Mittelpunkt stehen, gekuschelt werden und am besten eine 1:1-Betreuung haben.

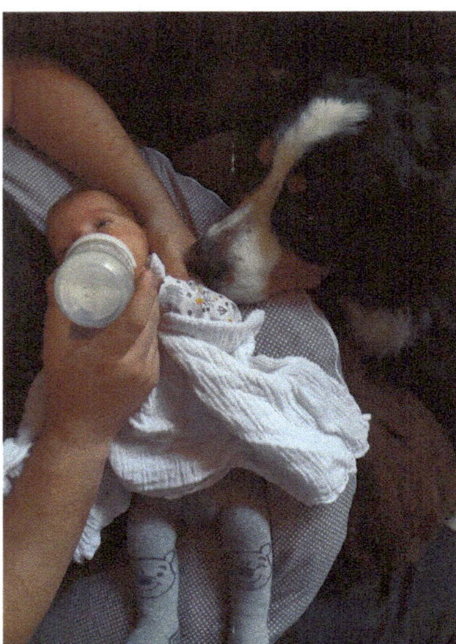

Der Berner wird Rentner

Wenn ich in den Fachbüchern nachschaue, dann hat ein Berner eine Lebenserwartung von nur 8-10 Jahren. Also kann man sagen, dass im 8. Lebensjahr der „Lebensabend“ beginnt. In der Zucht sind die Hunde sogar schon ab dem Alter von 6 Jahren „Rentner“. Die Zeit vergeht so schnell, und dann sind unsere geliebten Berner Oldies. Der Gang wird langsamer, sie schlafen mehr und sie werden so langsam grau im Gesicht.

Der „Lebensabend“ ist die Zeit, in der ich mich mit meinem Berner blind verstehe. Wir sind ein tolles Team geworden und alle bewundern uns, wenn ich mit dem Kopf nicke und er legt sich entspannt in die Ecke. Ich will gar nicht dran denken, dass jetzt irgendwann die Zeit kommt, wo wir tschüss sagen müssen.

Mein Phili ist jetzt 8,5 Jahre alt und ich merkte, dass irgendetwas nicht stimmte. Er war nicht gut drauf und hatte Probleme beim Aufstehen. Ich fuhr also schnell einmal zum Tierarzt mit ihm, um einen kleinen Check zu machen, ob alles ok ist. Und was sagte der Tierarzt zu Phil: Na ja, er ist schon ein alter Hund! Nein, doch nicht mein Phili. Vivi, meine Hundebabysitterin, sagt immer, dass Phili 100 Jahre alt wird. Die Realität ist leider anders. Er gehört jetzt zu den Oldies.

Nach der süßen Welpenzeit, der stürmischen Pubertät und den heißen „goldenen Jahren“ kommt nun die Zeit, wo ich nochmal so richtig die Jahre mit meinem Rentner genieße. Phil und Nike werden beide im nächsten Jahr 9 Jahre alt und ich hoffe, dass wir noch ein paar Jahre zusammen haben. Beide werden bei mir alt, sie sind mein Dreamteam, die kann ich nicht abgeben.

Mein Rocky ist damals fast 13 Jahre alt geworden, er hatte uns im hohen Alter alle im Griff. Wir waren ein eingespieltes Team und wussten genau, wann wer etwas brauchte oder wo ich ihm helfen musste.

Durch einen Kreuzbandriss hatte er Probleme beim Aufstehen und so hatte er es raus, einmal „wau“ zu bellen und ich kam und half ihm hoch. Am Anfang hatte ich noch Laminat im Büro und er rutschte immer weg auf dem Fußboden. So habe ich ihm Teppiche hingelegt, damit er besser loslaufen konnte.

Meine Laika ist nach kurzer Krankheit nur 5 Jahre alt geworden. Sie hatte davor meinen ersten Wurf Welpen gehabt, die Welpen waren gerade abgesetzt worden und plötzlich wollte sie nicht mehr fressen. Ihre Tochter, die Lilly, ist 8 Jahre alt geworden.

Meine Daisy hatte ich eingedeckt von Phil, um im Frühjahr 2025 noch einen Wurf von ihr zu bekommen, bevor sie dann bei mir in Rente gehen sollte.

Bei der Ultraschalluntersuchung stellte der Tierarzt eine schwere Gebärmutterentzündung fest, die sofort operiert werden musste. Sie hat die OP gut überstanden, wurde dabei gleich kastriert und war auch danach schnell wieder auf den Beinen.

Nach einem Gespräch mit meinen Tierärzten stand fest, dass es für Daisy besser wäre, in ein ruhigeres Zuhause zu ziehen. Per Zufall lernte ich Bea und Helmut mit ihrem Berner Rüden Dionysos kennen, der gerade seine Freundin verloren hatte.

Natürlich fiel es mir richtig schwer und es flossen auch viele Tränen, aber die drei waren das 5-Sterne-Zuhause für unsere Rentnerin Daisy.

Jeden Sonntag bekomme ich einen Bericht von ihnen, wie gut es Daisy geht und was sie schon wieder angestellt hat. Sie liebt es, Crogs zu verstecken und im Bett zu liegen.

Was verändert sich, wenn die Berner älter werden? Eigentlich nicht viel, denn ich lebe mit dem Älterwerden der Hunde und dann sind diese Sachen alle normal. Ja, er springt nicht mehr von alleine ins Auto, ich helfe ihm. Ich habe auch schon gesehen, dass viele Berner Besitzer eine Rampe fürs Auto haben.

Ja, er tobt nicht mehr so beim Spazierengehen rum, sondern er wird ruhiger und läuft eher hinter mir, aber das ist nicht schlimm, ich genieße es immer, wenn er jetzt eher bei mir ist.

Mit zunehmendem Alter bekommen die Berner einen leisen silbrigen Schimmer im Fell. Ganz langsam wird das braune Fell heller, gerade um die Schnauze herum und bei den Augen. Das Fell wird im Ganzen auch etwas stumpfer und härter und manchmal verliert es etwas an Glanz. Mein Phil bekommt gerade Probleme mit Liegestellen an den Beinen, die wir jetzt immer eincremen und weich halten müssen.

Da die älteren Herrschaften nicht mehr so viel laufen oder rumtoben, muss ich ab und an mal die Krallen schneiden. Die Berner laufen sich die Krallen halt nicht mehr selber ab.

Im Alter kommt es öfters vor, dass die Berner anfangen, schlechter zu hören, also ja, manche hören nur, wenn sie hören wollen, aber ich meine wirklich schlechter hören. Es kann dann passieren, dass der Berner einfach weiterläuft und dich nicht hört. Auch kommt es immer wieder im Alter vor, dass der Berner immer schlechter sieht. Die Augen werden langsam trüb (Grauer Star). Ich habe noch keinen Berner getroffen, der blind war, aber meine alte Cassy war taub und blind und das war gar nicht so einfach. Eines Morgens war das Tor zum Parkplatz offen und Cassy ist gerade durch, über den Parkplatz bis auf die L82, das ist eine viel befahrende Landesstraße.

Ich habe das nur mitbekommen, weil ich auf einmal ihre Stimme auf der L82 gehört habe. Da ist mir das Herz in die Hose gerutscht. Die arme Maus sieht und hört ja nichts und dann auf der L82, „schock".

Zum Glück ist alles gut gegangen, die Autos sind stehen geblieben und ein netter junger Mann vom Fußweg hat sie von der Straße geholt. Danach durfte Cassy nicht mehr alleine freilaufen. Abends zum Füttern der Pferde habe ich sie auch nicht mehr mitgenommen, in der Zeit hat sie dann im Büro geschlafen.

Ich musste mich schon sehr umstellen, aber was mache ich nicht alles für die lieben Oldies. In Sachen Futter hatte ich bis jetzt mit meinen Oldies noch keine Probleme. Keiner der Berner wurde nörgelig.

Trotzdem versuchen die Berner auch im hohen Alter immer noch, uns Menschen zu gefallen und es uns recht zu machen. Sie lieben es, mit und bei uns zu sein. Die Verbundenheit zwischen Berner und Besitzer ist geradezu unendlich.

Geschichten aus dem Leben mit einem Berner

Ich habe in dem Buch jetzt etwas über den Berner geschrieben, über sein Aussehen, warum ich einen Berner habe, Charakter usw. und nun möchte ich noch ein paar typische Geschichten aus meinem Leben mit einem Berner erzählen. Es sollen Alltagsgeschichten sein, die ich immer gerne erzähle, wenn ich bei anderen Leuten über meine Berner spreche. Es sind Geschichten, bei denen jeder ein Lächeln im Gesicht bekommt und denkt: ach ja, typisch Berner. Oder wenn ich mich mit Fremden über die Rasse unterhalte, dann sagen die, die auch schon einmal einen Berner gehabt haben, immer ganz schnell: Jaja … einmal Berner, immer Berner.

Ich habe jetzt schon so viele Jahre Berner, angefangen hatte es ganz klassisch mit einem Berner. Und nun habe ich schon sechs Berner und ich könnte noch mehr haben. Es ist so eine tolle Rasse. Ich habe schon so viel mit den Bernern erlebt, dass ich fast noch ein zweites Buch über diese Rasse schreiben könnte. Alleine mit den Welpen habe ich so viele schöne Geschichten erlebt.

Es war ein Traum mit 19 Welpen im Jahr 2022, als Daisy zehn Welpen hatte und Nike eine Woche später neun Welpen zur Welt brachte. Die Aufzucht war total schön und spannend. Ich würde so gerne noch einmal zwei Würfe gleichzeitig haben. Es war herrlich, wenn ich alle zusammen habe laufen lassen und dann alle Welpen zu Daisy zum Trinken gegangen sind. Nike hatte manchmal nur drei Welpen bei sich. Ich musste dann immer schnell die Welpen von Daisy zu Nike umsetzen. Die beiden Berner Mütter haben zum Glück keinen Unterschied gemacht zwischen: mein Welpe oder dein Welpe.

Ausritte mit dem Berner, Skifahren, im Auto schlafen, Kutsche fahren mit dem Berner. Ich konnte immer alles mit meinen Bernern machen.

Auch wenn ich irgendwo bin und die Leute stellen fest, dass ich Berner habe, dann geht es immer gleich los mit schönen Geschichten über oder mit Bernern. Und wie vielen Leute begegne ich, die schon mal einen Berner hatten und mich absolut verstehen, warum ich diese Rasse auch noch züchte.

Ich habe auch schon Leute kennengelernt, die mir erzählt haben, dass ihr Berner gerade gestorben ist und sie nun wieder auf der Suche nach einem neuen Hund sind. Ich habe dann gefragt, warum nicht wieder einen Berner, nein, das wollten sie nicht, weil sie Angst hatten, den neuen Berner mit ihrem alten Berner zu vergleichen, und das würden sie nicht ertragen.

Ich traf die Leute ein halbes Jahr später wieder und habe sie gefragt, für welche Rasse sie sich nun entschieden haben. Sie schauten mich an und sagten, Frauke wir würden gerne von deinem nächsten Wurf einen Welpen haben. Es geht nicht anders, wir konnten uns für keine Rasse entscheiden … es muss wieder ein Berner Sennenhund sein. Einmal Berner, immer Berner.

Süss ist es auch immer, wenn ich für die Welpenkäufer eine Whatsapp Gruppe erstelle mit Fotos und Videos von den Welpen. Die noch nie einen Berner hatten, fragen immer ganz viel, vor allem, wenn sie dann den Welpen haben. Ich finde das immer total schön und spannend.

Kunden, die schon mal einen Berner hatten, schreiben immer, ach ja das kennen wir: typisch Berner! Und genau deshalb wollten wir wieder einen Berner haben. Einmal Berner, immer Berner.

Das sind Sprüche, die ich immer wieder höre, wenn ich Berner Besitzern begegne. Geschichten aus dem Leben, Geschichten mit einem Berner, die ich tagtäglich erlebe. Wer hat das noch nicht erlebt, dass der Berner einem etwas geklaut hat oder etwas kaputt gemacht hat? Die Fernbedienung vom Fernseher wird immer gerne auch als Kauspielzeug benutzt.

Wenn ich in eine Runde mit Bernern Besitzern fragen würde nach der lustigsten oder außerordentlichsten Geschichte – das würde ein langer und lustiger Abend. Ich glaube, da hätte so jeder mindesten eine Geschichte zu erzählen. Geschichten, die jeder Berner Besitzer jeden Tag mit seinem Berner erlebt, ob er den Hausschuh klaut im Welpenalter und er die Hausschuhe täglich suchen muss, oder es ist mal wieder etwas kaputt gegangen.

Ich glaube, alleine wenn ich fragen würde, was euer Berner schon alles kaputt gemacht hat, würde das sehr lustig enden. Dinge wie die Brille, das Handy, die Fernbedienung, die Hausschuhe, die Handschuhe, das zehnte Kuscheltier, schon wieder ein Hundekorb wären bestimmt nur das eine, interessant wäre auch, was alles schon einfach so verschwunden ist … in welcher Form auch immer!!!!

Es kommen sehr viele Geschichten zusammen …

Rocky und das Huhn

Mein Nachbar hatte ganz viele Hühner und wie das auf dem Land so ist, die Hühner liefen eigentlich in einem großen Auslauf bei ihm auf dem Grundstück herum, aber von Zeit zu Zeit liefen sie frei auf dem Hof herum und auch von seinem Hof herunter. Im Grunde ist das kein Problem, aber sein Hof und mein Reiterhof waren nur durch die kleine Dorfstraße getrennt. Seine Hühner hatten das mit den Hofgrenzen nicht immer so genau genommen, und so kam es von Zeit zu Zeit mal vor, dass ein Huhn seine Auslauffläche vergrößerte und zu mir hinüber lief. Im Grunde war das auch nicht so schlimm, weil meine Hofkatzen viel zu faul waren, um sich ein Huhn zu schnappen.

Aber das war damals für meinen ersten Berner Sennenhund Rocky das Größte und er fand das mega spannend mit den Hühnern. Er liebte die Hühner über alles und hätte ihnen nie etwas getan.

Eines Tages kam es natürlich so, wie es kommen musste. Mein Rocky kam ganz stolz mit einem hübschen Huhn im Maul nach Hause. „Juhu, Mutti, schau mal, ich habe dir ein Huhn gefangen!“ Oh nein, das hatte mir gerade noch gefehlt, das arme Huhn! Was mache ich jetzt nur? Ich habe es nicht so mit dem lieben Federvieh und jetzt kommt Rocky auch noch mit einem an. Zum Glück lebte es tatsächlich noch, na ja, wenigstens für eine Weile. Wenn du Hühner kennst, weißt du, dass die sehr zartbesaitet sind und oft nicht so viel Stress abkönnen.

Es kam, wie es kommen musste, das Huhn, das Rocky ganz stolz zu mir gebracht hatte und das auch noch gelebt hatte, kippte um, bekam einen Herzinfarkt und verstarb. Also, ich denke mal, das war ein Herzinfarkt oder Schlaganfall, keine Ahnung. Tatsache war auf alle Fälle: Das Huhn war tot.

Rocky schaute mich total verzweifelt an, jeder, der einen Berner hat oder mal gehabt hat, kennt diesen besorgten Berner Blick. Rocky schaute mich an und war fassungslos, dass das Huhn sich nicht mehr bewegte. Er stupste das Huhn an, das nun ja tot da lag und konnte die Welt nicht verstehen. Warum war das Huhn jetzt einfach tot? Ich glaube, er hätte zu gerne mit dem Huhn noch eine Runde gekuschelt, aber nun ging das nicht mehr. Ich nahm das Huhn und ging hinüber zu meinem Nachbarn, um ihm zu gestehen, dass er jetzt ein Huhn weniger hatte.

Rocky hat mich ganz mutig begleitet. Er konnte immer noch nicht ganz verstehen, warum das Huhn nun tot war. Er hatte doch so gut auf das Huhn aufgepasst. Mein Nachbar war nicht da. So haben wir das Huhn bei ihm auf dem Tisch hinterm Haus liegen lassen. Rocky hat sich auch noch einmal vergewissert, dass das Huhn auch wirklich tot ist. Ich habe mir dann vorgenommen, später noch einmal zum Nachbarn hinüberzugehen.

Noch vor dem Pferdefüttern ging ich nochmal hinüber, um meinem Nachbarn mitzuteilen, dass Rocky mir das Huhn gebracht hatte, und dass es leider nicht überlebt hatte.

Mein Nachbar wollte gerade in seinen Stall gehen und seine Schweine füttern, als ich ihm von dem Huhn erzählte und sagte, dass es mir leid tat. Aber er meinte nur ganz trocken zu mir: „Oh, und ich dachte schon, dass mein Hund das war! Und so habe ich ihm das Huhn gleich um die Ohren geschlagen, weil ich dachte, er hat das Huhn getötet!“

Ich dachte nur: der arme Schäferhund und wie kann er so reagieren, ohne nachzudenken. „Das ist nicht dein Ernst! Da hättest du aber auch selber mal draufkommen können, dass das eigentlich unmöglich ist. Der Hund würde doch nicht das Huhn tot auf den Tisch legen.“

Der arme Hund, der tat mir so leid, der wusste doch gar nicht, was ihm passierte und um was es eigentlich ging. Wie gut, dass Rocky unschuldig war. Bei ihm hatte das Huhn ja noch gelebt.

Wenn morgens der Wecker klingelt

Das ist wohl etwas, was schon jeder mal erlebt hat, der einen Hund hat.

Der Wecker klingelt und ich habe jeden Morgen das Bedürfnis, einfach noch eine Weile im Bett liegen zu bleiben. Ganz entspannt, noch ein bisschen die Wärme vom Bett genießen, einfach noch einmal ausstrecken, ein paar Gedanken sortieren, etwas mit den beiden weißen Hündchen kuscheln und einfach in Ruhe wach werden ... ausstrecken.

Moment einmal, wieso kann ich mich gerade nicht ausstrecken? Nike – da ist doch jemand still und heimlich in der Nacht in mein Bett gekrochen. Meine Berner dürfen eigentlich nicht in mein Bett, weil ich dann ja gar keinen Platz mehr habe. Mein Bett ist nur 1,40 m breit und eigentlich schon jetzt viel zu klein und bei sechs Bernern kann ich mir dann ein neues Bett suchen. Die meisten Berner wollen auch gar nicht ins Bett, weil ihnen das viel zu warm ist, aber mal kurz zum Kuscheln, das machen sie super gerne.

Ok, es klappt nicht immer mit dem Spruch „es darf kein Berner ins Bett". Nike schleicht sich gerne mal nachts ins Bett, wenn die eine Seite vom Bett frei ist und es keiner merkt.

Wo waren wir stehen geblieben? Ach ja, der Wecker klingelt. Irgendwie werde ich gerade das Gefühl nicht los, dass mich etwas bzw. jemand beobachtet. Ich möchte eigentlich nur ganz kurz auf die Uhr schauen, wie spät es ist, damit ich nicht zu spät aufstehe. Aber nun muss ich ganz vorsichtig sein, denn ich befürchte, dass der Blick, den ich spüre, vor meinem Bett steht und darauf wartet, dass ich meine Augen aufmache und ihn oder sie kuschele. Ganz vorsichtig öffne ich ein Auge, nur halb, so dass kein Berner es mitbekommt. Zu spät, mit dem halbgeöffneten Auge schaue ich in zwei schwarze Kulleraugen, die mich freudig anschauen und ich sehe, wie der zugehörige Hund wie verrückt mit dem Schwanz wedelt.

„Juhu, Mutti, du bist wach, ich auch kuscheln" … mit einem großen Sprung, ohne Vorwarnung, springt ein Berner aus dem Stand zu mir ins Bett. Schnell versuche ich, mich etwas in Sicherheit zu bringen, da wirft der Berner sich auf mich. Natürlich kann das nur Bibi sein.

Nun muss ich ganz schnell mit der Überlebensstrategie anfangen, bevor es zu spät ist und morgen früh in der Bild-Zeitung steht „Berner Besitzerin im Bett vom Berner erdrückt". Ein bisschen Spaß muss sein, aber Bibi versteht da keinen Spaß. Ein Berner liegt schon am Fußende im Bett, ein Berner ist jetzt ins Bett gesprungen und liegt auf mir.

Nun kommen von rechts und links die nächsten zwei Berner und sind der Meinung, sie passen auch noch ins Bett. Ich versuche verzweifelt, unter Bibi Luft zu bekommen und den anderen beiden Bernern zu erklären, sie sollen nicht auch noch ins Bett springen.

Hektisch rechne ich im Kopf aus, für wieviel Kilos der Lattenrost ursprünglich ausgelegt ist, denn schließlich wiegen meine Berner auch zwischen 40 und 50 kg. Da ich auch keine Feder bin und mein Lufthaushalt langsam knapp wird, Bibi liegt nämlich immer noch auf mir, versuche ich mich zu befreien. Ich bin nämlich so langsam an der Gewichtsgrenze des Lattenrostes angekommen oder wir sind sogar schon darüber. Ich möchte es nicht erleben, dass der Lattenrost unter uns zusammenbricht. Das wäre was.

Zum Glück fehlen ja noch zwei Berner. Es hat geklappt. Mit viel Mühe habe ich es endlich geschafft, unter Bibi herauszurollen und mich vorbei an den anderen Bernern und aus dem Bett zu schälen. Freudig und etwas verständnislos schauen mich nun vier Berner in meinem Bett an, wieso ich denn nun schon aufstehen würde. Wir hätten doch noch etwas Zeit zu kuscheln. So sind die Berner. Meine Daisy kam nie ins Bett, vielleicht kam sie morgens mal nach oben, um guten Morgen zu sagen, aber ins Bett kam sie eigentlich nie. Nun in ihrem neuen Zuhause, Daisy ist im Februar zu Bea, Helmut und Berner Dionysos gezogen, liegt sie bei Helmut mit im Bett und genießt ihre Rente.

Auf dem Weg ums Bett rum, Richtung Badezimmer, liegt der nächste Berner auf dem Fußboden neben meinem Bett und versucht, Kuscheleinheiten zu ergattern. Auf dem Rücken liegend, natürlich quer im Weg, versuche ich über ihn zu steigen, um weiter ins Bad zu kommen. Beim Drübersteigen versucht der Berner mich noch mit seiner Pfote festzuhalten und mich zu Kuscheleinheiten zu nötigen … ok gewonnen, sonst komme ich ja gar nicht weiter, denn 2 m weiter liegt in der gleichen Pose der nächste Berner und versucht auch, mich auszubremsen. Ich steige also auch über ihn, kurz kuscheln als Wegezoll und dann ab ins Badezimmer … „Bernerfreie Zone".

Ich weiß, wenn Vivi bei mir schläft, dann schlafen etliche Berner bei ihr im Bett oder kommen zum Kuscheln aufs Sofa, was sie bei mir auch nicht dürfen. Aber wenn wir früher bei der Oma in den Ferien waren, dann durften wir auch immer alles und so ist es auch, wenn Vivi oder Anouk bei mir schlafen, dann dürfen die Berner auch ins Bett oder auf das Sofa. Ich lasse dann schon immer ein zweites Bettlaken da, damit die Mädels es zwischendurch mal wechseln können.

Der Berner und das Auto

Das Thema Autofahren ist natürlich auch bei Berner Besitzern wesentlich. Als ich damals mit meinem ersten Berner nach Hause gefahren bin, hatte ich fünf Stunden Autofahrt vor mir. Es lief zum Glück alles super und der kleine Mann hat das alles gut bewältigt. Der einzige Nachteil war, dass er später nicht mehr in mein Auto einsteigen wollte. Jedes Mal, wenn ich mit ihm Auto fahren wollte, war er weg und wollte nicht mit dem Auto fahren. Teilweise musste ich ihn ins Auto tragen.

Ich hatte zum Glück damals einen Polo, mit dem ich Rocky abgeholt hatte, und der ist auf Dauer für den Hof sowieso zu klein. Da ich ja auch vorhatte, einmal einen Pferdeanhänger zu ziehen, musste ich mir einen größeren Wagen mit Anhängerkupplung kaufen. Gesagt, getan, ich habe mir also verschiedene Modelle angeschaut und mich dann mit einem Verkäufer von Mitsubishi verabredet, um mir den kleinen Galopper anzuschauen. Das war ein toller Wagen und er gefiel mir richtig gut, aber zuerst musste noch Rocky in das Auto einsteigen. Ich habe beschlossen, den Wagen sonst nicht zu kaufen.

Meine wichtigste Voraussetzung für den Autokauf war also, dass mein Hund in das Auto einsteigen musste. Ansonsten würde ich das Auto nicht kaufen. Das war nun eine Herausforderung an den Verkäufer. Er musste jetzt sehen, dass Rocky ins Auto einsteigt. Und das natürlich ohne Probleme und super gerne.

Es war dann gar kein Problem und Rocky stieg in das neue Auto ein. So kam ich zu einem neuen Auto, und Rocky liebte das Auto.

Es gab danach nie wieder Probleme mit meinen Bernern und einem Auto. Nike hatte ich auch alleine abgeholt, das war gar kein Problem, sie verschlief die ganze Autofahrt. Daisy habe ich mit Freunden zusammen abgeholt, auch sie verschlief die ganze Autofahrt.

Mit Phil habe ich ja auch einige Jahre Rettungsarbeit gemacht und in dieser Zeit, wenn wir Training hatten, lag Phil ganz entspannt im offenen Kofferraum. Er hat immer auf mich gewartet und das Auto bewacht. Es war auch egal, ob eine läufige Hündin vorbeilief oder ein Rüde, er machte höchstens ein Auge leicht auf und schlief dann wieder weiter.

Über die erste Autofahrt erzählen die neuen Berner Besitzer immer unterschiedlich. Die meisten Welpen verschlafen aber die erste Autofahrt. Es gibt noch welche, die aufmerksam aus dem Fenster schauen oder es gibt die, die nur kuscheln wollen.

Meine jetzigen Berner lieben alle das Autofahren und kommen immer gerne mit mir mit. Ich habe mittlerweile einen VW-Bus mit einem niedrigen Einstieg für die Berner. Und in dem VW-Bus kann ich auch mal mit Bernern im Auto schlafen, wenn es sein muss.

Mit meinem jüngsten Berner war ich letzte Woche zum zweiten Mal beim Tierarzt. Das erste Mal hatte ich noch einen anderen Berner mitgenommen, damit er nicht alleine fahren musste, aber diesmal war ich alleine los mit ihm – nur kurz nach Bargteheide, also knapp 3 km Fahrt. Die Hinfahrt verlief ruhig und beim Tierarzt hat auch alles prima geklappt, er hat sich schon wie ein kleiner Profi verhalten.

Ich bin extra nach dem Besuch beim Tierarzt noch über eine kleine Wiese gegenüber der Tierarztpraxis gelaufen, falls der junge Herr noch sein Geschäft machen muss, aber nein, er musste nicht. Also wieder ab ins Auto und nach Hause.

Auf dem Weg nach Hause hörte ich dann nur das Geräusch eines kleinen Wasserfalls. Es war wohl alles zu aufregend und jetzt im heimischen, bekannten Auto, fiel ihm wohl ein, dass er jetzt doch musste. Wie gut, dass ich eine Wanne im Auto habe und ein Vetbed. Ein Vetbed ist eine spezielle weiche und rutschfeste Unterlage für Haustiere, die besonders saugfähig, feuchtigkeitsabweisend und isolierend ist.

Laikas Überraschung

Ich war auf dem Weg durch die Ferienanlage zum Wohnhaus, um die Hunde zu füttern. Laika, sie war mein zweiter Berner und die Mama von Lilly, fehlte noch. Ich musste sie nochmal rufen, damit sie kam. Doch dann kam sie auch gleich angelaufen, allerdings kam sie für ihre Verhältnisse ganz langsam und vorsichtig auf mich zu.

Normalerweise war sie immer eine der ersten, wenn ich rufe. Ich meinte nur zu ihr, komm wir wollen Abendbrot essen, beeil dich, die anderen warten schon unten am Haus auf uns. Sie schaute mich mit ihren großen Kulleraugen an, als wolle sie mir etwas sagen. Ich meinte, komm jetzt, die anderen warten schon, wir müssen uns beeilen. Aber sie blieb vor mir stehen und schaute mich nur hilfesuchend an. Ich schaute sie etwas skeptisch an und wunderte mich, weil so etwas eigentlich gar nicht ihre Art ist. Das war schon irgendwie komisch. Mich ließ das Gefühl nicht los, dass irgendetwas nicht zu stimmen schien. Was war das? Ich schaute genauer auf ihr Maul und dachte nur, irgendwie stimmt etwas nicht, was ist da in ihrem Maul? Was schaut da raus? Schaue ich richtig? Das kann doch nicht sein.

Laika schaut mich immer noch ganz ruhig an und plötzlich legte sie ganz vorsichtig das Etwas vor meine Füße. Ahhh, Laika, was ist das? Ich schaute und dachte, ich spinne: Es war eine kleine Feldmaus, die sie mir im Maul ganz vorsichtig gebracht hatte. Nur der Schwanz schaute noch aus ihrem Maul, als sie sie getragen hat.

Als sie das Mäuschen ganz vorsichtig vor mich abgelegt hatte, ging sie ein paar Schritte zurück und schaute mich ganz stolz an, als wollte sie sagen: „Schau mal Mama, ich habe die kleine Maus gefunden und gerettet. Kann ich sie behalten?“ Das ist schon echt niedlich, wenn so ein großer Hund von 45 kg so eine kleine Feldmaus im Maul durch die Gegend trägt.

Die arme, kleine Feldmaus war klitschnass von Laikas Sabber, ich vermute auch mal, dass so ein Berner Mundgeruch hat. Ich meine, die kleine Maus war ja komplett in Laikas Maul verschwunden. Als Laika die Maus vorsichtig abgelegt hatte, lief die kleine Feldmaus nur noch sage und schreibe drei Schritte und kippte dann tot um. Herzinfarkt oder Schlaganfall … es war egal, für Laika brach eine Welt zusammen. Das war wieder so typisch Berner, sie konnte es nicht verstehen, dass diese süße Maus jetzt tot war und sich nicht mehr bewegte. Sie stupste die Kleine immer wieder an, aber sie war tot und Laika war todunglücklich. Es tat mir so leid, aber ich konnte da wirklich nichts mehr machen.

Zum Glück gab es nun Abendbrot und ich konnte Laika damit ablenken und die kleine Maus verschwinden lassen. Als wir vom Abendbrot wieder in die Ferienanlage kamen, lief sie gleich wieder zu der Stelle, wo sie die Maus abgelegt hatte, aber die Maus war jetzt weg.

Abends – mein Sofa

Ich glaube, diese Diskussion hat schon jeder Berner Besitzer geführt. Darf der Berner auf das Sofa oder nicht? Viele Welpen Kunden fragen mich immer, dürfen die Berner bei dir aufs Sofa? Ich frage dann immer nach, wieso, nein, sie dürfen nicht auf mein Sofa. Der Berner Käufer ist dann immer ganz irritiert und sagt, ja, weil er immer wieder versucht, auf das Sofa zu kommen, und da haben wir gedacht, dass die bei dir alle aufs Sofa dürften. Oh nein, dürfen sie nicht, dann bräuchte ich ja ein extra Sofa nur für mich. Ich weiß nicht, warum der Berner so einen Drang auf das Sofa hat und sind wir mal ehrlich … der Berner ist doch viel zu groß für das Sofa oder das Bett. Und das Beste ist ja noch, ich habe sechs Berner und mit Welpen sind es schon mal 14 Berner. Ich stelle mir das sehr lustig vor. Aber es gibt Kunden, da dürfen die Berner auf das Sofa oder haben sogar ein eigenes Sofa.

Aber irgendwie denkt ein Berner auch anders als wir … Der Berner denkt auch noch nach seinem zweiten Lebensjahr, dass er ein Schoßhund ist, ganz klein und zart. Er denkt immer, dass er noch auf das Sofa oder ins Bett darf.

Klar, ich könnte ganz einfach sagen, dass ist eine reine Erziehungssache, aber nicht bei einem Berner.

Jeder, der schon mal einen Berner gehabt hat, weiß, wovon ich jetzt spreche. Der Berner tickt da einfach ganz anders.

Du kannst vorne mit ihm verhandeln, dass er nicht auf das Sofa darf, und hinten schiebt er ganz langsam und bedacht ein Bein nach dem anderen aufs Sofa. Er kann das auch, ohne dass sich vorne irgendetwas in der Körperposition verändert. Nein, das kann sonst kein großer Hund. Aber ein Berner kann das. Ein Berner denkt immer, dass er ein ganz kleiner Chihuahua ist.

Als erstes schleicht sich der Berner ganz langsam ans Sofa ran. Wir nehmen jetzt erstmal das Sofa, aber mit dem Bett ist es genauso. Wir verstricken unser Herrchen oder Frauchen in eine Kuscheleinheit, ganz intensiv, der Berner ist an dem heutigen Tag noch nicht gekuschelt worden, daher nutzt er es aus und lässt sich ordentlich kuscheln. Nun kommt der schwerste Teil, in dieser Kuscheleinheit schiebt der Berner ganz langsam eine Pfote nach der anderen aufs Sofa … dann sein Hinterteil, ohne sich in irgendeiner Weise vorne zu verändern.

Und nun hat der Mensch auf dem Sofa verloren, plötzlich drückt der Berner sich aus den Beinen hoch, dreht sich und legt sich komplett auf das Sofa. Nun hat er es für sich eingenommen.

Der Berner ist total glücklich, eine schöne Position auf dem Sofa gefunden zu haben, schiebt sich noch etwas zurecht … perfekt. Aber wo ist jetzt derjenige, der mich eben noch gekuschelt hat, geblieben? Es gibt zwei Möglichkeiten: Entweder liegt der Mensch nun unter dem Berner und versucht, Luft zu bekommen. Außerdem versucht er durch hektische Bewegungen, auf sich aufmerksam zu machen, damit der Berner netterweise aufsteht. Oder der Mensch ist in der plötzlichen Dreh-Bewegung vom Sofa gekickt worden und liegt nun vor dem Sofa.

Es gibt natürlich auch den Berner, der sich mit einem gewagten Sprung aufs Sofa gleich in den Mittelpunkt setzen möchte. An manchen Tagen hat er Glück und es war vorher nicht besetzt. Also kann er das ganze Sofa komplett für sich beanspruchen. Oder wenn Herrchen oder Frauchen schon auf dem Sofa sitzen, dann passiert es, dass der Berner mit dem gewagten Sprung gleich neben ihnen sitzt und sie schnell in eine Kuscheleinheit verstrickt, damit er sie ablenkt, so dass er nicht gleich wieder vom Sofa runtergeworfen wird.

Der Berner kann, wenn er etwas möchte, sehr einfallsreich sein und seine Taktik täglich ändern, damit er mit seinen Ideen durchkommt und auch nicht vorher schon durchschaut wird.

Es gibt auch den Berner, von dem Frauchen und Herrchen sich an der Tür verabschieden, weil die beiden zum Beispiel zum Einkaufen müssen. Die Tür fällt ins Schloss und juhu, der Berner rennt ins Wohnzimmer und ab auf das Sofa.

Meine Berner dürfen bei mir nicht aufs Sofa, das ist mir zu eng und zu voll. Das Sofa gehört mir. Vor ein paar Jahren wollte Vivi bei einer Geburt mit dabei sein und kam mit mir hoch ins Wohnzimmer. Ich habe noch schnell etwas in der Küche gemacht, und als ich fertig war und mich umgedreht habe, da war Vivi schon auf dem Sofa und Phili neben ihr. Was ist das? Vivi grinst und sagt, Phili und ich teilen uns immer das Sofa. Das zum Thema: Meine Berner dürfen nicht aufs Sofa.

Auf dem Hundeplatz

Es gibt so typische Berner Geschichten, ich glaube, die hat schon jeder Berner Besitzer erlebt. Immer wieder bekomme ich von verschiedenen Berner Besitzern „nette“ Geschichten vom Hundeplatz zu hören. Ich muss dann immer lachen, weil auch ich natürlich schon so meine Erfahrungen mit einem Berner auf dem Hundeplatz gemacht habe.

Der Berner ist eigentlich nicht die typische Rasse, die ich auf einem Hundeplatz erwarten würde. Ich denke immer Hundeplatz: Unterordnung = Schäferhund. Vielleicht ist jeder mal mit seinem Berner zur Hundeschule gegangen oder war sogar mit seinem Hund im Hundeverein. Und was soll ich sagen: Gerade in der Unterordnung hat der Berner durchweg seinen eigenen Kopf.

Ich habe damals mit Phil für die Rettungshundearbeit auf dem Hundeplatz Unterordnung geübt. Später war auch Bibi kurz mit auf dem Hundeplatz, auch mit ihr musste ich die Unterordnung einüben. Meine Berner halten nicht viel von der Unterordnung und dem ganzen Quatsch auf dem Hundeplatz. Leider brauchen wir für die Rettungshundearbeit die Begleithundeprüfung und so hilft es nichts.

Wir müssen Unterordnung üben, und die „Ablage“. Das heißt, der Hund wird ins „Platz“ gelegt und ich muss etliche Meter vom ihm weg gehen, der Berner bleibt so lange liegen, bis ich wiederkomme bzw. ihn abrufe. Das ist die Paradeübung von meinem Berner Phil gewesen. Gar kein Problem. Irgendwo liegen bleiben, dass klappt ohne Problem.

Der Berner tut ja alles für Fleischwurst, Käse oder Leberwurst, aber es gibt natürlich immer den Moment, wo der Berner keine Lust mehr hat, sich zu konzentrieren und Unterordnung zu üben. Also, das ist nicht böse gemeint, der Berner macht ja gerne etwas mit Frauchen, aber irgendwann ist es auch genug. Es gibt einfach den Punkt, an dem der Berner eher sein eigenes Ding macht.

Da hatte ich auch mal schnell einen Berner auf dem Rücken liegen: Mutti, nichts geht mehr. Los komm, noch einmal schnell etwas machen. Schnell einmal der Trainerin das Gelernte zeigen. Also noch einmal „fuß“ und auf geht es … ups. Das ist ein Bild für die Götter. Frauchen läuft schön los, wir üben ja gerade die Fußarbeit ohne Leine, und der Berner bleibt gleich schön entspannt am Start sitzen. Das ist nicht dein Ernst! Phil, komm doch noch einmal. Das ist so typisch für Phil. Er bleibt einfach sitzen.

Und das Ganze noch einmal … „fuß“ und los geht es. Frauchen läuft los, der Phili bleibt sitzen. Da kann man echt verzweifeln … „fuß“!!!! Und vor allem ich habe die ganze Tasche voll mit Leckerlis und ich weiß gar nicht so genau, warum der Herr mal wieder nicht bei Fuß geht. Er kann das eigentlich. In dem Moment schmeißt sich der Berner zu Boden, dreht sich auf den Rücken: Ja Mutti, was soll ich machen, alles klar, ich habe nichts angestellt.

Mist, ich habe etwas ganz Einfaches vergessen.

Noch einmal, lächeln, man darf jetzt kein böses Wort sagen, tief durchatmen, jetzt ein scharfes Wort und der Berner läuft gar nicht mehr. Also folgt Plan B.

Es folgt die Unterordnung für Berner: Wir nehmen die Aufstellung ein. „Bitte, Fuß!!“ Und der Berner läuft perfekt neben dir seine Unterordnung. Ja, Unterordnung für Berner bedeutet halt, nie das Wort „Bitte“ vergessen.

Ich weiß, es gibt auch den Streber Berner, der eine perfekte Unterordnung kann, aber die Kinder von Phil waren ihm in dem Punkt alle sehr ähnlich. Ich könnte kurz und knapp sagen, sie hatten alle keine Lust auf Unterordnung.

Die Übung, den Phili aus der Ablage abzurufen, brachte die Prüfer auch immer zum Schmunzeln. Also der Berner liegt im „Platz“, du gehst 15 m weiter, drehst dich um und rufst den Berner ab. Jeder Schäferhund, Mali, was auch immer springt hoch, rennt im vollen Galopp zu Frauchen, kann gerade noch vor ihr bremsen und setzt sich vor ihr hin: Ja, ich bin hier.

Der Berner, also genauer genommen Phil: Ich lege Phil ins „Platz" und gehe 15 m weg, drehe mich um und rufe ihn ab. Er steht ganz gemütlich auf und setzt sich gemächlich in Bewegung, er trabt ganz locker und entspannt ohne Zeitdruck zu mir, setzt sich vor mich und schaut mich ganz entspannt an. Mutti, ich bin da, gibt es Fleischwurst? Ich glaube spätestens da haben immer alle gelacht und haben gesagt: typisch Berner. Die Unterordnung halt mit einem Berner …

Eine andere Geschichte, die mir auf dem Hundeplatz passiert ist: Auf jedem Hundeplatz gibt es diese hohen Sprungwände, wo die Schäferhunde rüber springen. Ich habe mich immer wieder gefragt, ob Phil das auch schaffen würde.

Als ich das mal laut gesagt habe, haben alle gesagt: Frauke, das ist ein Berner, nein, das brauchen die nicht, lass es, die sind zu schwer. Ok, ich habe es gelassen. Wäre ja auch peinlich, wenn ich es versuchen würde und der Berner würde an der Sprungwand kleben bleiben oder gar nicht erst abspringen, sondern davor stehen bleiben und dich fragend anschauen. Also habe ich das mit Phil nie versucht

Man ist ja vernünftig und hört auf die Profis …

Aber was soll ich sagen, 2025 wurde die Ferienanlage von der Reitanlage durch einen 1 m hohen Doppelstabmattenzaun getrennt. Aus dem Stand kann Phil mittlerweile ganz locker über diesen Zaun springen, elegant ohne Mühe und ganz flott. Ich habe ihm das nie gezeigt, ihn nie motiviert, das zu tun. Wir haben zum Parkplatz hin inzwischen alle Zäune erhöht, und der Zaun im Hundeauslauf liegt bei 1,60 m. Er ist schon ein kleiner Flummi bei den Bernern, unser Phili. 3, 2, 1 … und er ist rüber geflogen. Es gibt also auch den sportlichen Berner.

Leider waren meine Berner nie für die Dummy-Arbeit auf dem Hundeplatz, also Hühner durch die Gegend schleppen oder den Hasen zu mir bringen, das haben sie immer gemacht, aber einen Dummy, nein, das ist nichts für meine Berner gewesen, damit kann man sie nicht begeistern.

„Mutti, ich kann nichts dafür …“

Das, was jetzt kommt, kennen bestimmt auch viele Berner Besitzer.

Mittlerweile hatte ich zu der Zeit drei Berner Sennenhunde und zwei kleine Hunde. Ich dachte immer, eigentlich sind meine Hunde ja nie alleine, das sind ja fünf Hunde, da passiert doch bestimmt nichts, die haben sich ja untereinander und langweilen sich nicht. Auch wenn ich nur ein paar Stunden weg war, habe ich immer Vivi gefragt, ob sie die Hunde rausholen oder mal nach ihnen schauen kann, wenn sie auf dem Hof ist. Zu dem Zeitpunkt waren ja noch alle jung und hatten viel Blödsinn im Kopf.

Jeden Mittwochabend bin ich mit Phil zum Rettungshundetraining gefahren und Vivi hat dann die restlichen Hunde rausgeholt. An dem Abend, als diese Geschichte passiert ist, war Phil zu Hause geblieben, weil wir einen Vortrag ohne Hunde hatten. Ich war gerade 10 Minuten unterwegs gewesen, die Hunde waren also gerade mal 10 Minuten alleine, da rief Vivi mich an: „Du, Frauke, es ist etwas passiert.“

Oh nein, ich habe schon wieder gedacht: Kann ich denn die Hunde gar nicht alleine zu Hause lassen? Dann erzählte sie mir: „Also ich habe die Tür aufgeschlossen und sie kamen mir alle freudig entgegen gestürmt und haben mich super lieb und laut begrüßt. Eine Sache war nur komisch, Phili hatte lauter ganz kleine Schaumstoffstücke an der Brust kleben.“ Was war passiert?

Nach einer intensiven Kuscheleinheit hat Phili endlich Vivi erlaubt, aufzustehen und mutig ins Haus zu gehen und zu schauen, was passiert ist. Das noch nicht so alte, schöne Hundekissen war explodiert, einfach so, plötzlich, natürlich ohne Vorwarnung. Phil war total unschuldig, er verdrehte die Augen, zog etwas die Lefzen hoch und schwänzelte um Vivi herum. Vivi schaute Phil ganz streng an: „Phili, was ist passiert? Das warst doch du, oder?“

Phil war ganz mutig: „Ich war das nicht, das Kissen ist einfach so explodiert. Vivi, glaube mir, das Kissen ist einfach so explodiert. Ich habe mich noch schützend davorgeworfen, damit die anderen nichts abbekommen. Ich habe sie gerettet, ich bin ein Held. Vivi, du musst mir das glauben!"

Vivi wusste nicht, ob sie lachen, weinen oder schimpfen sollte. Das schöne, kaputte Hundekissen wäre für Schimpfen und dann dieser Bernerblick von Phili – zum Dahinschmelzen! Können solche Augen lügen?

Und sind wir mal ehrlich: Wie oft hat man das schon gehört, dass Hundekissen einfach so, ganz schnell mal explodieren. Das hat doch bestimmt schon jeder Berner Besitzer erlebt … einfach so, ohne dass unsere armen Hunde etwas dafür können, sie waren ja alle sogar noch so mutig und haben sich davorgeworfen, damit kein größerer Schaden entsteht. So mutig von unseren Bernern!

Ich weiß nicht, wie viele Kissen mal so eben explodiert sind oder wie oft auf einmal Schnee im Hundeauslauf liegt, obwohl wir Sommer haben. Wie viele Kuscheltiere haben den Zweikampf gegen einen meiner Berner hoffnungslos verloren und mussten von mir über den ganzen Auslauf stückchenweise wieder eingesammelt werden.

Ich habe irgendwann aufgehört zu zählen.

Im Moment habe ich meine junge Berner Hündin Kira, die klaut Handtücher und macht diese kaputt. Dann liebt sie Handschuhe, beißt alle Finger ab, und wenn ich es nicht mitbekomme und Pech habe, dann verschluckt sie diese. Hasko klaut im Moment immer meine Schuhe, aber er macht die zum Glück noch nicht kaputt.

Im Hundeauslauf und im Hausteil, wo die Hunde wohnen, gibt es heute nur noch Rheumadecken mit einem Bettbezug drüber oder Vetbeds, die können sie nicht mehr explodieren lassen. Die Kuscheltiere,

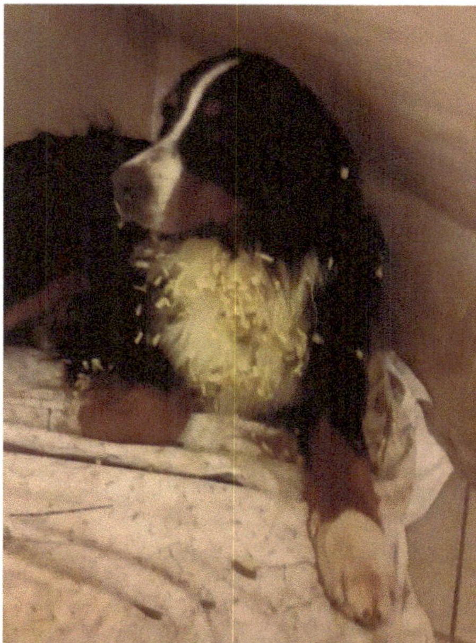

die klauen sie heute noch den Welpen, nur ich entsorge sie etwas frühzeitiger, damit der Schnee ausbleibt. Und bei uns hängt in der Reithalle ein Zettel, dass wir ausgediente Kuscheltiere suchen für unsere Berner und Bettwäsche für die Rheumadecken. Wenn die Sachen kaputt gehen, dann haben wir genug Nachschub …

Rocky und Merle – ein Dreamteam

Mein erster Berner Sennenhund Rocky lebte mit mir auf meinem ersten Reiterhof in Wahrendorf bei Lensahn. Jeden Morgen kam er mit mir in den Stall, um die Pferde und Ponys zu füttern. Ich hatte auch noch Ziegen, Hasen und Enten, die ich auch jeden Morgen fütterte.

Als ich an diesem Morgen durch den Stall ging und zum Hasenstall kam, war er offen und der große Bock aus dem Stall fehlte. Oh nein, wo ist der Bock? Das kann doch nicht angehen, dass der Stall leer und der Hase verschwunden ist. Ich habe wirklich überall gesucht, und plötzlich kam Rocky mit dem Bock im Maul um die Ecke. Ich habe fast einen Herzinfarkt bekommen.

Mein erster Gedanke war: Der Hase ist tot, das hat der nicht überlebt. Aber das hatte ich nur gedacht. Rocky kam ganz stolz mit dem großen Bock im Maul auf mich zu, ich lächelte nur, „prima, mein guter Junge", innerlich hatte ich furchtbare Angst, dass der Hase tot war. „Bring mir den Hasen, super gemacht." Stolz brachte Rocky mir den Hasen und legte ihn mir ganz sanft vor meine Füße.

Puh, da hatten wir wirklich Glück im Unglück, denn der Hase lebte. Der Hase war zwar klitschenass, ich glaube, Rocky hatte ihn komplett abgeleckt, bevor er ihn mir brachte. Ich dachte auch, dass der Hase einen Schock erlitten hatte, weil er so unglaublich ruhig da saß und sitzen blieb, also keinen erneuten Fluchtversuch unternahm. Ich wollte nur schnell den Hasen wieder in den Stall setzen, damit er sich wieder erholen konnte.

Das ist auch wieder mal so typisch Berner. Da findet er diesen Hasen und bringt ihn mir auch noch ganz stolz, ohne ihn zu töten. Ich war froh, dass nichts weiter passiert war. Und dann fraß der Hase ganz entspannt sein Frühstück.

Meine Hasen haben immer in regelmäßigen Abständen Babys bekommen. Ich habe diese dann in einer Pferdebox laufen lassen, damit sie mehr Platz hatten. Und die Kinder durften zu ihnen und mit ihnen kuscheln. Das fanden die Kinder total klasse.

Ich hatte gerade den Reitunterricht beendet, als Rocky ganz langsam auf mich zu kam und irgendetwas im Maul hatte. Leider konnte ich überhaupt nicht erkennen, was es war, und so habe ich ihn aufgefordert, das was er im Maul hatte, einmal auszuspucken. Erstaunlicherweise hat er sogar auf mich gehört und spuckte mir ein graues Fellknäuel vor die Füße, es war ein Babyhase, schon wieder klitschenass! Rocky musste die Hasen total liebhaben, dass er die immer so abgeleckt hat.

Aber, wie war er denn an das Hasenbaby gekommen? Ich rannte ganz schnell in den Stall zur Hasenbox und was soll ich sagen: Die Boxentür stand offen und die Hasen waren gerade dabei, langsam aus der Box zu klettern.

Oh je, schnell habe ich alle Hasenbabys eingesammelt, sie hatten zum Glück noch nicht herausgefunden, dass die Tür offenstand. Ich schaute einmal, ob alle Hasenbabys heil und unverletzt waren. Und das waren sie zum Glück, und es waren auch alle da.

Ich schob sie schnell wieder in die Box hinein, Tür zu, super Rocky, das wäre ja etwas geworden. Es waren 14 Hasenbabys in der Box, wenn die alle abgehauen wären, dann hätten wir ordentlich suchen müssen.

Die Kinder hatten die Tür nicht richtig zugemacht. Das wäre was geworden, aber Rocky hätte bestimmt gerne beim Einfangen geholfen.

Rocky hat seine Hasenbabys geliebt, er hat ihnen nie etwas getan und hat immer gut auf die Hasen aufgepasst und sie immer abgeleckt.

So eine ähnliche Geschichte haben wir dann auch mal mit Rocky und einem Katzenbaby erlebt. Eines Tages kam er mit einem Katzenbaby an. Ich wusste absolut nicht, wo er das Baby gefunden hatte. Er stand plötzlich da mit dem Baby. Ich vermutete, dass er es von meinen Nachbarn hatte. Da wohnten immer ganz viele halbwilde Katzen, und die Katzen hatten dann auch immer Babys. In einem Frühjahr habe ich einmal alle Katzen eingesammelt und kastrieren lassen, aber das ist ein anderes Thema.

Wir haben das Katzenbaby aber behalten, ich hatte noch keine Wohnungskatze. Und da Rocky total vernarrt in sie war, war das absolut perfekt.

So kamen wir zu unserer ersten Katze: Merle. Rocky und sie waren ein Dreamteam.

Berner und Wintersport

Irgendwie habe ich immer das Gefühl, dass man mit einem Berner alles machen kann. Sie sind für alles offen und zu jedem Unfug bereit. Ich bin über die Monate mit meinem Berner immer mehr zusammengewachsen und so probiere ich aus und schaue, was geht bzw. was kann ich noch so alles machen. Ich finde immer, wenn der Winter kommt, die Temperaturen bis in die Minusgrade fallen und wenn dann noch das weiße Zeug vom Himmel fällt, dann drehen die Berner Sennenhunde so richtig auf, dann sind sie in ihrem Element.

Als mein erster Berner Rocky zu mir kam, hatte ich schon eine Reise in die Berge gebucht. Ich wollte und konnte diese Fahrt auch nicht absagen, weil diese Ski- und Snowboardreise das Thema für meine Diplomarbeit war. Also musste Rocky kurzerhand mit. Ich konnte ihn ja nicht alleine zuhause lassen.

Es war so toll, er hat alles mitgemacht, die Hinfahrt im Reisebus, in der Jugendherberge und auch das Ski- und Snowboardfahren. Ja, tatsächlich – am Ende des Tages, als unsere Ski- und Snowboardgruppen schon weg waren – sind mein Bruder Jens und ich mit Rocky mit der Gondel hochgefahren und über die Piste mit Rocky hinunter. Ich war auf dem Snowboard und mein Bruder auf Skiern. Es hat so viel Spaß gemacht, aber noch einmal von vorne.

Es war so toll, spannend, ein Abenteuer. Mein Bruder und ich hatten uns am Nachmittag verabredet. Wir wollten noch eine Runde zusammenfahren mit Rocky. Schon unten am Lift konnten wir beim Anstellen an allen vorbeigehen. Die Angestellten von der Liftanlage haben uns immer mit Rocky einfach vorbeigelassen an der ganzen Schlange. Ich hatte das Gefühl, wir gehörten zur Bergwacht und wir waren etwas ganz Besonderes, aber eigentlich waren wir das ja nicht …

Wir konnten dann immer zu zweit mit Rocky in die Gondel einsteigen. Rocky hat das alles prima mitgemacht. Ich war ganz stolz auf den kleinen Mann. Er war die ganze Fahrt nach oben sehr aufmerksam und hat sich alles ganz genau angeschaut. Ich glaube, erst als wir in der Gondel waren, habe ich darüber nachgedacht, was ich da eigentlich gleich vorhatte: Ich wollte mit Rocky zusammen die Piste runterfahren. Ich mit dem Snowboard, Jens auf Skiern und Rocky zu Fuß.

Schon ein bisschen durchgeknallt, aber wir waren jung und hatten unsere Ideen, und unser toller Rocky hat alles mitgemacht.

Als wir oben ausstiegen, ist Rocky fast durchgedreht, immer wieder rannte er hin und her und war total aufgeregt. Er freute sich unglaublich und war nicht zu bremsen. Ich dachte in dem Moment nur: „Oh, was habe ich da wieder für eine Idee gehabt." Mit dem Berner eine Runde Snowboard fahren …

Die Leute starrten uns alle an. Rocky bellte und hüpfte vor Aufregung. Ich habe zu meinem Bruder nur gesagt, ich fahre nicht mit der Gondel wieder runter, also los ging es. Ich hatte das gute Gefühl, dass Rocky genau wusste, was wir vorhatten, obwohl wir das vorher noch nie mit ihm gemacht hatten.

Jetzt mussten wir da durch, das würde schon klappen. Wir wählten die leichte Route, noch hatte ich ihn an der Leine, aber das war gar nicht so einfach. Ich musste ja noch das Snowboard anschnallen, und Rocky war so aufgeregt, dass er nicht ruhig stehen bleiben konnte, so dass ich mein Board nicht anbekam.

Ich ließ Rocky von der Leine, um das Board anzuschnallen und in Ruhe zu starten. Rocky rannte sofort los, ohne zu wissen, in welche Richtung es ging. Er war völlig außer Rand und Band. Ohne zu zögern lief er vorweg und wir mussten schauen, dass wir anschnallten und hinter ihm herkamen. Zu meiner Überraschung hörte er total gut und ließ sich abrufen und lenken.

Jetzt ging es bergab. Rocky rannte fast jede Strecke doppelt, weil er so einen Spaß hatte. Es war einfach toll. Wir fuhren ein ruhiges Tempo, damit Rocky gut mitkam. Zwischendurch legten wir kleine Pausen ein, um kurz Luft zu holen. Rocky war total aufgedreht und wollte immer gleich weiter. Nun kam die Schussstrecke, da mussten wir das Snowboard und die Skier einfach laufen lassen. Die Piste war an der Stelle so flach, dass wir sonst stehengeblieben wären.

Ich kann mich noch genau daran erinnern, es war so süß. Er lief vor uns, und irgendwann habe ich ihn überholt. Beim Überholen drehte ich mich zu ihm um und es war so ein süßes Bild: Die Ohren flogen in seinem Lauftempo und die Lefzen vom Maul hüpften genauso wie die

Ohren im Takt hoch und runter. Es sah aus, als wenn er lachen würde. Ich hatte das Gefühl, dass er richtig viel Spaß hatte.

Als wir unten ankamen, war er echt kaputt, aber er schmiss sich noch in den Schnee und wälzte sich freudig – er war voll in seinem Element.

Wir sind dann immer die letzte Runde mit Rocky gefahren, am Lift kannten sie uns schon und winkten uns immer freundlich an allen vorbei. Rocky war in den Gondeln immer vergnügter, nun kannte er seine Strecke ja schon und war kaum zu halten. Wahrscheinlich waren wir ihm einfach zu langsam … Er hatte so viel Spaß und genoss immer seine Runde mit uns.

Der Berner und „meine“ Sachen

Rocky war mein erster eigener Hund. Ich bin mit einem Hund groß geworden, aber an seine Welpenzeit kann ich mich nicht mehr so erinnern.

Als Rocky damals zu mir kam, lebte ich noch für einen Monat bei meinen Eltern.

Ich bat meinen Vater, kurz auf Rocky aufzupassen, da ich etwas erledigen musste. Er meinte, das sei kein Problem, also fuhr ich los.

Währenddessen arbeitete mein Vater in seiner Werkstatt im Keller. Die Tür zum Garten stand offen, und wir gingen normalerweise durch den Keller ins Haus. Deshalb bewahrten wir unsere Schuhe und Jacken unten in der Garderobe auf – sie befand sich direkt neben der Werkstatt.

Ich war nicht lange weg. Als ich zurückkam, ging ich durch den Garten und sah die Bescherung: Rocky hatte alle meine Schuhe aus dem Keller, an meinem Vater vorbei, in den Garten geschleppt. Jedes Mal ist er die Außenkellertreppe hoch und wieder herunter gelaufen … wie war das: Ein Berner soll in jungen Jahren keine Treppen laufen!

12 Schuhe lagen draußen, fein säuberlich über den Rasen verteilt und er mittendrinnen. Mit seinen dicken Knopfaugen schaute er mich an und freute sich tierisch, mich wiederzusehen. Kann man da böse sein?

Ich rief nur nach meinem Vater und fragte ihn, was er unter aufpassen versteht. Er meinte nur ganz trocken, Rocky hätte sich doch gut beschäftigt und es wäre ja nichts kaputt gegangen. Ja, da hatte er natürlich Recht. Ich hatte mir das aber etwas anders vorgestellt.

Eigentlich kann man in all den Jahren bei jedem Berner feststellen, dass er gewisse Vorlieben hat.

Beate Forsbach hat mir erzählt, dass ihre Frieda die Bücher aus den Regalen geholt hat und leider auch angekaut hat. Beate hat dann alle ihre Regale mit Folie umwickelt, so dass Frieda nicht mehr an die Bücher herankam.

Nur ein Regal hatte sie für Frieda gelassen mit all den schon angekauten Büchern. Irgendwann wurde Frieda das Spiel zu langweilig und sie klaute keine Bücher mehr.

Wenn ich wegfahre, dann schläft immer jemand in meiner Wohnung, wegen der Tiere.

Einmal hat Vivi bei mir geschlafen und ihre Sporttasche mit all ihren Sachen im Schlafzimmer stehenlassen. Phil hat damals ihre Socken aus der Tasche geklaut und in der Wohnung verteilt. Zum Glück hat er alle heil gelassen und nicht aufgefressen.

Anders war es im letzten Jahr mit unserer Kira. Ich sammele jeden Tag die Hinterlassenschaften meiner Hunde ein. Eines Tages habe ich mich gewundert, dass da etwas Rotes drinnen war … Ich möchte an dieser Stelle nicht weiter ins Detail gehen, Tatsache war, dass Kira eine Vorliebe für Handschuhe hatte und ich die nicht liegen lassen durfte. Diese waren dann weg, kaputt und nur noch in Teilen auffindbar. Ich wundere mich manchmal, was alles später wieder auftaucht. Auch Socken verschwanden in diesem Hund und waren irgendwann wieder da.

Beate Forsbach rief mich eines Tages ganz aufgeregt an und erzählte mir, dass Frieda einen Futterbeutel gefressen hat. Ich: bitte was? Man glaubt es gar nicht, wie kann ein Hund ein Futterbeutel fressen? Das Hausmittel für solche Sachen ist wirklich Sauerkraut. Also musste der Hund Sauerkraut fressen und siehe da, am übernächsten Tag war der Futterbeutel wieder da. Ich habe das bei Kira mit den Handschuhen oder den Socken oft später im Kot gesehen, aber ich weiß, ich wäre gestorben vor Angst, dass die Sachen nicht wieder rauskommen. So ein Futterbeutel ist schon echt riesig.

Ich denke, jeder Berner Besitzer kann ein Lied davon singen und wird auch teilweise sehr erfinderisch, wo man etwas lassen kann, damit der Berner nicht drankommt.

Ich habe meine Hausschuhe hinter das Sofa gesteckt, so lange ich Fernsehen schaute, damit der Hund die Schuhe nicht klaut. Oder ich habe alles außer Reichweite gestellt, also gerade die Schuhe ins Büro gestellt. Total langweilig ist das für so einen Berner, vor allem kommt er dann auf neue Ideen.

Hasko, gerade vier Monate alt, hatte vor einer Woche den Waschmittelkarton zwischen den Kisten in der Vorratskammer, herausgezogen und in den Flur geschleppt. Was war das für ein interessanter weißer Schnee? Gerade noch rechtzeitig, bevor der kleine Mann es weiter im Raum verteilen konnte oder vielleicht auch noch davon naschte, nahm ich ihm den Karton weg.

Diese Berner …

Wenn ich früher kurz weggefahren bin, habe ich immer meine Hunde im Reiterstübchen eingesperrt. Ich weiß gar nicht mehr, welcher Hund es war, aber ein Spanischer Equidenpass fiel einem Hund zum Opfer und mein Wochenplaner. Und leider hat auch mal ein Berner, ich meine es war Laika, einen Ordner aus dem Regal geklaut und genau in diesem Ordner den aktuellen Kaufvertrag vom Hof gefunden und etwas außer Form gebracht … ups, der war nachher angenagt.

Ich habe ja einen Reiterhof und die Kinder und Einsteller haben schnell gelernt, die Putzsachen für die Pferde entweder hochzulegen und wegzulegen, damit die Berner die Bürsten nicht klauen. Schuhe, Putzsachen, Handschuhe, Socken, ach ja, ein Berner hat immer die Gerten der Kinder geklaut und ist dann wie ein Bekloppter vor den Kindern weggelaufen und hat sich daraus ein Spaß gemacht, wenn die Kinder hinterhergelaufen sind. Das war ein richtiges Spiel für ihn mit der Gerte im Maul.

Es ist so lustig, jeder Berner hatte für etwas anderes seine Vorlieben, aber meine Schuhe, meine Crogs, die haben immer alle gerne geklaut. Die durfte ich wirklich nirgendwo stehen lassen.

Ich habe ja Anfang des Jahres meine Daisy in Rente geschickt. Sie ist umgezogen zu einem Ehepaar mit einem Berner Jungen in ihrem Alter. Sie hat da gerade den Himmel auf Erden und Bea spricht immer von „Daisy und ihrem Personal".

Daisy ist Jahrgang 2018 und erlebt gerade ihren zweiten Frühling. Sie ist eine diebische Elster geworden. Bea erzählt mir immer wieder Geschichten, dass Daisy alles möglich klaut und im Garten versteckt, und die beiden haben einen großen Garten. Ich vermute, dass im nächsten Frühling lauter Crogsbäume bei ihnen wachsen werden, lach.

„Nein“

Wenn ich einen jungen Berner bei mir behalte, dann muss der natürlich auch erzogen werden. Zwar läuft der Welpe super gut im Rudel mit, und wenn ich das Rudel rufe, dann kommen alle und er auch. Aber trotzdem muss auch der Kleine alleine ein paar Dinge lernen, wie an der Leine gehen oder „sitz“. Und er muss vor allem lernen, was er nicht darf.

Jeder, der schon mal einen Berner gehabt hat oder einen Berner hat, weiß, wie schwierig das manchmal mit der Erziehung ist. Meine Mutter hat immer gesagt, erzieh erstmal einen Hund und dann schaff dir Kinder an … Ich bin bei den Hunden geblieben. Manchen Bernern sagst du etwas und die machen das sofort und manchen kannst du es zehnmal sagen und es passiert nichts.

Ich habe ja nun sechs Berner, alle sind unterschiedlich und waren auch in der Erziehung total unterschiedlich. Andere Hundehalter haben mir immer gesagt, ich muss konsequent sein in der Erziehung eines Berner Sennenhundes. Manchmal hatte ich das Gefühl, dass der Welpe denkt, dass er „nein“ heißt. Oft spreche ich das Wort „nein“ öfter aus als den Namen des Welpen. Nein, mach das nicht, nein, nicht fressen, nein, hier bleiben …

Bibi war in der Erziehung so dickfällig, dass ich manchmal die Leine holen musste. Ich konnte sie rufen und die kam nicht, keine Chance, alle kamen, sie nicht. Erst mit der Leine kam sie dann mit. Bibi ist wirklich schon mit acht Wochen in die andere Richtung gelaufen als ich mit dem Rudel. Wenn ich alle gerufen habe, kamen alle angelaufen, nur Madame Bibi ist weiter nach links gelaufen. Das war wirklich sagenhaft.

Nike war immer eine Streberin, alleine, weil sie mir gefallen wollte, hat sie immer gleich alles gemacht. Während Bibi sich auf den Rücken geworfen hat, wenn ich „sitz“ gesagt habe, hat Nike ganz schnell gelernt, was das bedeutet und was sie machen muss. Bibi hat sich umgedreht und auf den Rücken geworfen. Sie hatte dafür keinen Sinn. Nein, so nicht, Bibi.

Phil ist etwas sensibel … oh nein, ja natürlich, mache ich sofort!

Berner lernen sehr schnell mit Verknüpfung, also mit Futter oder mit positiver Verstärkung.

Ich habe mir bei meinen Bernern das Wörtchen „nein“ angewöhnt, andere sagen „aus“. Wichtig ist nur, dass man nicht nachgibt und den Hund „gewinnen lässt“, sondern geduldig der Ausdauernde ist.

Nun wächst ja wieder ein Berner bei uns auf und ich muss echt schauen, dass ich nicht nur „nein“ zu ihm sage. Er, der kleine Hasko, ist ein kleiner Frechdachs, und mit Kira zusammen haben die beiden es noch faustdick hinter den Ohren.

Manchmal habe ich das Gefühl, er denkt, dass er „Nein“ heißt und nicht Hasko. Das ist schon manchmal sehr niedlich, aber früher oder später bekommen wir sie alle groß.

Die Hormone gehen durch

Ich war ja am Anfang mit meinem ersten Rüden teilweise sehr blauäugig. Ich hatte keine Ahnung und ging viele Sachen entspannt an. Mein erster Berner war Rocky, ein intakter Rüde. Ich weiß bis heute nicht, ob er irgendwo Spuren hinterlassen hat, also ob er Welpen produziert hat.

Es ist, bevor ich ihn hab chippen und kastrieren lassen, ein- oder zweimal vorgekommen, dass Rocky weg war, abgehauen vom morgendlichen Spaziergang, aber wie schnell! Ich schaute nach rechts und „zack“ war er weg.

Das eine Mal haben Reitschüler ihn mir zurückgebracht, sie hatten ihn zufällig drei Dörfer weiter durchs Dorf laufen sehen. Und da er gut hörte, hatten sie ihn auch schnell eingefangen und ihn mir dann noch nach Hause gebracht. Ich war dankbar und froh, dass nichts weiter passiert war. Ich wäre ja fast gestorben vor Angst, dass er vielleicht überfahren würde. Und auf der anderen Seite war ich stinksauer, dass er einfach weggelaufen ist, nur wegen einer Hündin.

Das letzte Mal war er auch plötzlich auf der Morgenrunde abgehauen.

Um die Mittagszeit klingelte das Telefon. Wir hatten allen möglichen Leuten, Tierarzt, Polizei usw. Bescheid gesagt, dass ich meinen Rocky suche. Die Polizei war am Telefon und berichtete mir, dass sie gerade einen Berner Sennenhund im Tierheim abgegeben hatten. Ahhhh – zum Glück! Was war ich erleichtert!

Ich fuhr also schnell ins Tierheim, um Rocky abzuholen. Es war ja noch offen, ob es mein Berner war, aber ich denke mal, dass nicht so viele Berner gleichzeitig an einem Tag abhauen. Als ich im Tierheim ankam und meinen Berner Sennenhund abholen wollte, war mir das peinlich.

Doch die Damen waren total nett und freundlich zu mir und meinten nur jaja, die Hormone. Rocky kam mir dann freudestrahlend entgegengelaufen und freute sich, mich endlich wiederzusehen. Die Freude war bei mir auch sehr groß, vor allem, weil er heil war. Am nächsten Tag habe ich gleich einen Termin beim Tierarzt vereinbart, um ihm einen Kastrationschip setzen zu lassen.

Einige Jahre später kam regelmäßig ein Opa mit seiner Enkelin zum Reiten zu mir und brachte Rocky Leckerlis mit. Er freute sich immer total über Rocky und beide kuschelten oft lange zusammen. Der Opa hat mir dann erzählt, dass er die Rasse Berner Sennenhund richtig klasse findet und er auch schon einmal einen im Streifenwagen gefahren hat. Er meinte, dass mein Rocky dem Berner im Streifenwagen, den sie gefunden hatten, zum Verwechseln ähnlich sah, und dass der Berner auch so lieb und verschmust wie Rocky gewesen war. Ich dachte nur, das kann jetzt nicht ein blöder Zufall sein und fragte nur nach, wieso ein Berner im Streifenwagen?

Da hat der Opa mir die ganze Geschichte mit dem Berner im Streifenwagen erzählt, als er vor paar Jahren noch aktiver Polizist war und an dem Tag mit dem Streifenwagen unterwegs war. Sie hatten zwei Dörfer weiter einen Berner Sennenhund eingefangen, hatten aber keine Leine dabei. Und so hat er nur den Kofferraum aufgemacht und der Berner ist gleich eingestiegen und sie haben ihn dann ins Tierheim gebracht.

Ich stellte immer mehr Ähnlichkeiten fest. Ich dachte, es war damals Rocky im Streifenwagen, wie peinlich. Er musste nur lachen und meinte, das war eine schöne Abwechslung zum Alltag, und er war damals wie heute total verschmust. Wir lachten beide.

Ja die Rüden und die Hormone …

Nun habe ich mit Phil ja einen Deckrüden und er soll ja meine Hündinnen decken und darf es ja auch. Also kann ich ihm keinen Chip setzen lassen, sondern er muss lernen, mit seinen Hormonen zu leben.

Wenn bei uns eine Hündin läufig ist, die eigentlich nicht gedeckt werden soll, dann bleibt auch mal eine, wenn ich nicht gerade ein Auge auf die beiden halten kann, im Büro. Nike ist seine Lieblingshündin, und da muss ich immer besonders gut aufpassen, wenn er sie nicht decken darf.

Manchmal lief er – mittlerweile ist er in Rente – dann sogar mit einem Body durch die Gegend. Bei den anderen Hündinnen ist er immer etwas entspannter, aber nicht bei Nike. Einmal habe ich es erlebt, da habe ich allen Hunden an der Tür die Halsbänder angezogen. Phil war an der Leine bei mir, ich legte die Halsbänder an und zack – sprang er von hinten auf Nike drauf und zack war er drinnen …

Ich hatte Nike im Stübchen gelassen und war mit Phil draußen, plötzlich drehte ich mich um und da sah ich Phil auf Nike. Er schaute mich ganz unschuldig an, und da war es schon zu spät, er war schon in ihr. Zu spät, trennen ging jetzt nicht mehr.

Meine Mutter hatte Nike aus dem Stübchen gelassen, weil sie dachte, ich hatte sie vergessen. Damit hatte ich nicht gerechnet und er fragte nicht lange. Er sprang dann drauf.

Phil hat dann immer so einen unschuldigen Blick, als wenn er genau gewusst hat, dass er eigentlich nicht durfte. Wenn Nike läufig war und die Läufigkeit nicht gedeckt wurden durfte, dann lief Phil nur mit Body oder an der Leine. Nun sind beide in Rente und der Nachwuchs muss übernehmen …

Unsere anderen Hündinnen hat Phil oft gedeckt, wenn ich vom Hof war oder abends auf dem Reitplatz.

Phil hat sich aber nie für andere Hündinnen interessiert, ob bei der Rettungshundearbeit oder in der Nachbarschaft. Wichtig waren ihm nur „seine“ Hündinnen in unserem Rudel. Er ist nie für eine läufige Hündin abgehauen, obwohl er locker hätte über den Zaun springen können.

Ausreiten mit dem Berner

Als ich auf meinem ersten Hof in Wahrendorf lebte, sind wir oft lange ausgeritten. Manchmal nahmen wir auch Rocky mit oder auch mal ein Fohlen. Rocky hörte oft noch nicht so gut, daher führte ich ihn beim Ausreiten an einer Flexi-Leine. Das funktionierte immer gut. Im Galopp oder auf freiem Feld habe ich ihn laufen lassen, und wenn wir eine Straße überqueren wollten oder eine Gefahr in Sicht war, nahm ich ihn wieder an die Leine. Alles in allem klappte das wunderbar – Pferd und Hund kamen sehr gut damit zurecht.

Eines Tages waren meine Mutter und ich mit zwei Pferden und Rocky unterwegs, da kam uns von vorne ein junger Dalmatiner entgegen. Ich hatte Rocky an der Leine. Nur die Dame vom Dalmatiner dachte da gar nicht dran und ließ ihren jungen Hund auf einem Sandberg liegen. Ich machte mir keine Gedanken und dachte nur, na die wird ja ihren Jungspund unter Kontrolle haben. Bis auf die letzte 5 m klappte alles sehr gut, der Dalmatiner blieb auf seinem Erdhügel liegen und Rocky lief ganz lieb am Pferd.

Plötzlich sprang der Dalmatiner auf und hüpfte direkt auf uns zu. Unsere Pferde, die eigentlich beide nervenstark waren, und auch Rocky erschraken. So eine weiße Kreatur mit schwarzen Punkten, die zwar wie ein Hund aussah, aber überaktiv auf uns zu hüpfte, passte in kein vertrautes Bild – weder für die Pferde noch für Rocky. Der Fluchtinstinkt setzte bei allen dreien ein: Sie drehten sich abrupt auf der Stelle um und flüchteten erstmal.

Meine Mutter und ich brauchten einen Moment, um die Pferde wieder unter Kontrolle zu bringen und ich stieg ab, um Rocky an der Leine wieder einzusammeln. Diese blöde Kuh mit ihrem Dalmatiner, dachte ich nur. Ich entschloss mich, zu Fuß an der Gefahr vorbeizugehen, denn die Dame hatte ihren Hund wieder frei abgelegt und nahm ihn wieder nicht an die Leine. Diesmal rief ich von weitem, sie möchte ihren Hund an die Leine nehmen, damit wir sicher mit den Pferden vorbeikommen könnten.

Die Dame rief nur, der tut nichts, das ist noch ein Welpe. Ich dachte nur: ganz ruhig bleiben. Ich rief ihr dann noch einmal zu, sie möge bitte dafür sorgen, dass der Hund bei ihr bleibt und nicht auf die Pferde zuläuft. Die Dame dachte gar nicht dran, sie meinte nur, der ist ja ganz lieb und tut nichts, aber das wäre ja schon sehr gefährlich, was ich da machen würde mit Hund und Pferd …

Innerlich kochte ich langsam allmählich und bat sie noch einmal, ihren Hund an die Leine zu nehmen oder kurz festzuhalten, bis wir vorbei sind. Wir waren jetzt auf ihrer Höhe und zum Glück entschloss die Dame sich jetzt, ihren Hund an die Leine zu nehmen. Gerade im rechten Moment, den der Kleine hüpfte schon wieder los auf uns zu, nur kam er zum Glück nicht sehr weit, weil er ja jetzt an der Leine war. Unsere Pferde machten zwar wieder einen Schlenker, aber da ich ja zu Fuß war, konnte ich das gut abfangen und ging zügig weiter.

Ich bin nicht nur mit den Bernern ausgeritten, sondern mit ihnen auch Kutsche gefahren. Ich hatte die Idee, die Berner neben der Kutsche herlaufen zu lassen, wenn ich fahre, aber meine Berner hatten damals eine ganz andere Idee. Sie liebten es mitzufahren. Sie legten sich zu mir in den Fußraum der Kutsche und genossen den Fahrtwind. Das muss ein tolles Bild immer gewesen sein. Ich, die Kutsche und zwei Hunde on Board: Cassy, der Jack Russel Mix auf dem Sitz neben mir und Lilly, der Berner, im Fußraum.

Als mir einmal mitten auf der Kreuzung eine Deichsel abgefallen ist, weil der Splint gebrochen war, lief ich zu Fuß neben der Kutsche her, da ich die Deichsel halten musste. Meine Hunde saßen beide oben auf dem Kutschbock und beobachten, ob ich das auch alles richtig machte.

Fotoshooting mit Bernern

Wenn wir Welpen haben, erstelle ich immer eine Whatsapp-Gruppe für alle Käufer und poste dort täglich Fotos und Videos von den Welpen.

Am Anfang sind das meist schlafende Welpen oder kleine Fellknäuel, die bei der Mama trinken. Irgendwie ist das zwar süß, aber so richtig können die Käufer die einzelnen Welpen nicht erkennen.

Viele fragen sich: Ist das mein Favorit? Oder nehme ich doch lieber den anderen Welpen?

In den ersten drei Wochen bekommen die Welpen noch keinen Besuch, da gibt es nur Fotos.

Und alle halten es kaum aus vor Neugier: Wer sind die Mädels und wer die Jungs und welcher Welpe ist noch frei?

Ich frage dann immer Anouk, ob sie wieder ein paar Fotos von den Welpen machen kann.

Jede Woche treffen wir uns zum Welpen-Fotoshooting.

1. Woche: Die Welpen sehen noch aus wie kleine Meerschweinchen und schlafen relativ schnell beim Shooting ein. Ihre Augen sind noch zu, sie liegen ganz entspannt und gemütlich. In Ruhe fotografieren wir immer einmal die Jungen und dann die Mädels. Es gibt ein blaues Handtuch für die Buben und ein rosa für die Mädels. Da bin ich noch altmodisch. Das Halsband mit der Farbe wird vor die Welpen gelegt, damit jeder sehen kann, wer welcher Welpe ist.

2. Woche: Die Welpen werden langsam etwas aktiver, sie robben gerne aus unserem Blickfeld hinaus, so dass ich sie immer wieder in die Ausgangsposition bringen muss: 3, 2, 1 Foto! Die Augen gehen langsam auf und sie drücken sich mit den Vorderbeinen hoch.

3. Woche: Die Welpen werden jetzt richtig aktiv und denken immer weniger daran, dass sie für das Foto stillsitzen sollen. Sie können schon sitzen und finden Anouk mit dem Fotoapparat viel interessanter und spannender, als für ein Foto stillzuhalten.

4. Woche: Die Welpen halten gar nichts mehr vom Stillsitzen. Sie können sitzen und stehen, aber auch rennen. Mit Vorliebe rennen sie aus dem Bild. Ich halte die Welpen immer gerne auf der Hand, da können sie nicht weglaufen. Es kommen lustige Bilder zustande, zum Beispiel rennt der Welpe aus dem Bild und auf dem Foto sehen wir dann nur das Halsband und vielleicht noch eine Pfote am Bildrand.

MENU
OK
Nikon

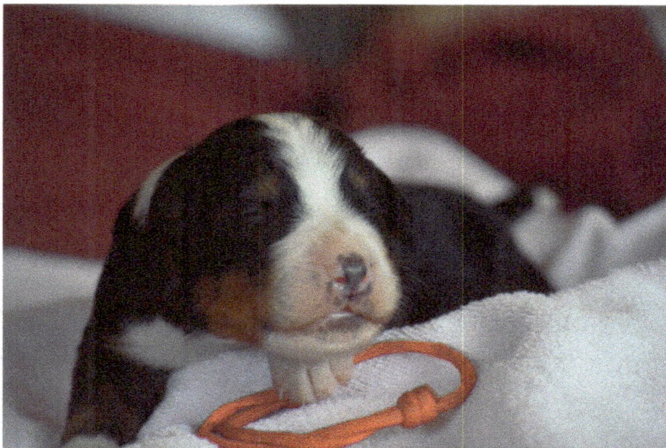

5. Woche: Die Welpen haben keine Lust mehr auf ein ruhiges Fotoshooting im Haus. Ab hier macht Anouk nur noch beim Spielen im Auslauf oder beim Schlafen Fotos. Im Grünen entstehen immer wieder wunderschöne Portraitaufnahmen. Die Welpen kämpfen, spielen mit dem Fliegenvorhang oder rennen um die Wette. Anouk hält alles im Bild fest.

Ab der 6. Woche setzt Anouk sich einfach in den Auslauf zu den Welpen. Diese werden immer neugieriger und machen es Anouk immer schwerer, sie zu fotografieren. Die Welpen wollen lieber schauen, was das komische schwarze Ding da in ihrer Hand ist.

Ich versuche, die Welpen von ihr abzuhalten, was auch immer schwieriger wird, weil die Welpen neugieriger werden und ihre Welt erkunden wollen. Jetzt kommt langsam die Zeit, wo der Welpe in alles reinbeißen und mit seinen spitzen Zähnen an allem ziehen muss. Das Shooting wird langsam gefährlich …

Mit den großen Bernern kann so ein Shooting auch sehr lustig werden und indirekt auch „gefährlich“. Auch für dieses Buchcover hat Anouk die Fotos gemacht. Ich habe mich mit meinen Bernern zu einem Gruppenfoto auf die Wiese gesetzt. Anouk setzte sich gegenüber und wollte alle Berner mit mir fotografieren.

Es war so ein lustiges Chaos, ich hatte mal einen oder drei Berner bei mir, aber nie alle. Oder die Berner waren bei Anouk, dann konnte sie nicht fotografieren, weil ein Berner sie umwarf oder ein Berner Lust hatte, sich auf sie zu setzen, so dass Anouk die Kamera nicht ruhig halten konnte, bzw. nichts sehen konnte, weil ein Berner vor ihr saß.

Hier unten in der Ferienanlage setzte ich mich auf die Wiese und wollte ein oder zwei Berner sitzend neben mir haben. Das ging nicht, entweder lagen sie auf dem Rücken oder setzten sich bei mir auf den Schoß. Sehr lustig war auch immer Bibi, die sich halb über mich rüber gelegt hat, dann ging nichts mehr. Oder sie fielen Anouk an, so dass sie nicht mehr fotografieren konnte, weil sie drei Berner um sich herum zum Kuscheln hatte.

Ich wollte gerne ein Foto haben, wenn Phil neben mir liegt und nach vorne schaut. Doch Phil drehte sich irgendwann und lag dann bei den letzten Bildern auf dem Rücken neben mir. Zum Glück macht Anouk immer ganz viele Bilder von einer Idee …

Es sind immer sehr lustige Fotoshootings, wenn ich eine Idee habe, müssen wir das schnell umsetzen. Denn wenn es zu lange dauert, sprengen die Berner das Fotoshooting.

Die Berner können so lustig dabei sein. Anouk und ich müssen immer viel lachen bei unseren Versuchen, meine Großen zu fotografieren. Dagegen sind die Welpen echt einfach. Phil springt ja über den Zaun, das wollten wir auf einem Foto festhalten. Das war ein Akt. Immer wieder liefen die Mädels quer und sprengten das Shooting.

Ich habe dann versucht, sie wegzusperren, aber nun dachte Phil, dass er etwas angestellt hatte und wollte nicht weg von den eingesperrten Mädels. Also habe ich sie wieder rausgelassen. Phil war auf der einen Seite und die Mädels auf der anderen Seite. Dann habe ich alle gerufen, doch jetzt wollten die Mädels nicht von der Tür weg, über die Phil springen sollte. Also konnte er nicht springen.

Irgendwann haben wir nur noch gelacht. Es ist erstaunlich, wie viele schöne Bilder doch noch dabei rauskommen, bei unseren Fotoshootings.

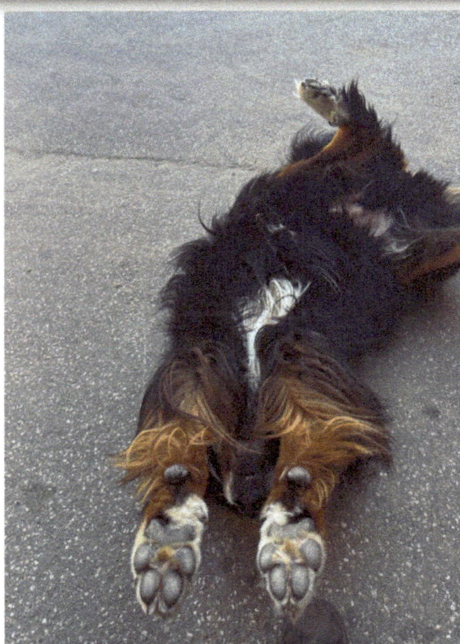

Abschied

Irgendwann kommt der Zeitpunkt, da muss jeder Hundebesitzer Abschied nehmen von seinem geliebten Freund, Wegbegleiter und Herzenshund. Es schmerzt unwahrscheinlich und es reißt ein riesiges Loch ins Herz.

Aber wann ist der Tag, treffe ich immer den richtigen Moment, die richtige Entscheidung? Es ist so eine schwere Entscheidung, die ich da treffen muss über Leben und Tod. Eine Entscheidung, die so endgültig ist und so schmerzt.

Sehr selten kommt es auch mal vor, da nehmen die Tiere mir diese Entscheidung ab und gehen von alleine, schlafen ein, ohne dass ich die Entscheidung treffen muss. Jeder Berner Besitzer und natürlich auch andere Hundebesitzer wünschen sich für ihren Freund und Herzenshund, dass er in vertrauter Umgebung in seinem Hundekörbchen einfach nach dem Einschlafen nicht wieder wach wird, sondern im Schlaf über die Regenbogenbrücke geht und uns damit davon befreit, diese Entscheidung zu treffen.

Natürlich ist es auch gut, dass wir dem Tier helfen können, gerade wenn ein Berner krank geworden ist oder einen Unfall hatte. Im Grunde muss es jeder Berner Besitzer auch so sehen, dass er seinem Hund damit helfen kann. Wir helfen unserem Herzenshund, weniger Leid zu ertragen und im richtigen Moment für ihn da zu sein. Wir sind für ihn da, lassen ihn nicht alleine gehen, sondern begleiten ihn über die Regenbogenbrücke. Ein schwerer, sehr schwerer Schritt, der niemandem leicht fällt …

Der Mensch könnte in seinem Leben immer mehrere Hunde haben, weil ein Hund einfach nicht so alt wird wie der Mensch. Ein Berner hat eine Lebenserwartung von 8-10 Jahren. Das ist nicht viel, aber der Berner ist ein großer, schwerer Hund, der in seinen ersten Lebensmonaten einfach zu schnell groß wird. Der Berner Züchter sagt immer, die Berner wachsen ein Jahr in die Höhe und dann wachsen sie ein Jahr in die Breite.

Und leider können die Hunde, obwohl wir Züchter immer versuchen, das in den Griff zu bekommen, unterschiedliche Krankheiten bekommen, wie zum Beispiel Krebs, der noch nicht heilbar ist. Leider merken wir Züchter immer erst zu spät, dass der Hund Krebs hatte.

Auch wenn wir Züchter alles daransetzen, unsere Hunde gesund und stark ins Leben zu begleiten, können wir leider nicht jede Krankheit verhindern. Manche Erkrankungen - wie zum Beispiel Krebs, der bis heute oft nicht vollständig heilbar ist – bleiben lange unentdeckt.

Häufig merken wir erst sehr spät, dass ein Hund darunter litt, manchmal sogar erst, nachdem wir bereits mit ihm gezüchtet haben.

Das trifft uns jedes Mal tief, denn wir wünschen uns nichts sehnlicher als gesunde, glückliche Tiere. Wenn so etwas passiert, achten wir besonders sensibel darauf, die nachfolgende Generation nicht weiter einzusetzen, um Schritt für Schritt eine möglichst krebsfreie Zucht aufzubauen.

Viele Krankheiten, die Hunde bekommen können, sind einfach noch nicht heilbar.

Natürlich kann man seinen Berner auch anders verlieren, z. B. durch einen Autounfall oder durch eine Magendrehung. Nikes Papa Angel ist an einer Magendrehung gestorben. Bei dieser Erkranung dreht sich der Magen um die eigene Längsachse.

Es ist sehr schlimm, seinen geliebten Berner so zu verlieren. Das sind Ereignisse, bei denen man nicht viel mitbestimmen kann. Oft muss man schnell handeln und erlebt, dass die Ereignisse wie im Film an einem vorbeiziehen, weil man keine Zeit hat, darüber nachzudenken.

Beim Krebs und auch im Alter müssen wir meist die Entscheidung treffen, wann der Zeitpunkt gekommen ist, wann wir sie am besten gehen lassen – unsere geliebten Berner.

Meinen ersten Berner Rocky musste ich einschläfern lassen, weil seine Knochen ihn nicht mehr tragen wollten. Er war ein kleiner Berner mit ca. 40-42 kg und ist fast 13 Jahre alt geworden.

Ich glaube, ich war dreimal beim Tierarzt und habe ihn um Rat gefragt, wann der richtige Zeitpunkt ist, ihn über die Regenbogenbrücke gehen zu lassen. Jedes Mal antwortete er: „Das merkst du, er wird es dir deutlich zeigen."

Und es war wirklich so: Rocky hat mir ganz klar gezeigt, dass er nicht mehr mag und dass heute der Tag X gekommen ist. Ich rief meinen Tierarzt an und wir verabredeten uns für den Abend.

Jeden Tag stellte ich mir die Frage: „Wann ist der richtige Zeitpunkt?" Mein Umfeld meinte oft: „Willst du ihn nicht mal erlösen?" Doch ich erinnerte mich immer an die Worte meines Tierarztes: „Du wirst es merken. Solange er noch möchte und frisst, gibt es keinen Grund." Und genau so war es. Rocky fraß noch gut und sah für sein Alter erstaunlich fit aus. Nur konnte er nicht mehr alleine aufstehen.

Immer, wenn er nicht hochkam, bellte er, und ich wusste genau, dass er Hilfe brauchte. Wir waren längst ein eingespieltes Team. Ich half ihm sanft auf die Beine – und dann rannte er los, manchmal voller Energie, manchmal fast wie verrückt vor Freude. Um ihm das Laufen leichter zu machen, hatte ich lauter kleine Teppiche ausgelegt, wie einen roten Teppich beim Filmfestival, damit er sicher über das Laminat laufen konnte und nicht immer wegrutschte.

An dem Tag X hat Rocky mir sehr deutlich gesagt, jetzt ist gut, jetzt ist der Zeitpunkt gekommen, ich mag nicht mehr. Er ist nicht mehr mitgelaufen zum Füttern der Pferde, was er sonst immer gemacht hatte …

Und da wusste ich: Es war der richtige Zeitpunkt und es fühlte sich richtig an. Es war Rockys Entscheidung, und ich wusste, es war richtig. Und so konnte ich meinen Freund über die Regenbogenbrücke gehen lassen.

Mein Tierarzt war stets mit mir in Kontakt und wusste, dass der Tag bald kommen würde. Einen Berner mit fast 13 Jahren gehen zu lassen, ist schon ein stolzes Alter, und ich war dankbar für jedes einzelne gemeinsame Jahr.

Am Abend kam er zu uns nach Hause, um Rocky einzuschläfern – meinen ersten Berner. Das bedeutet, dass er zunächst eine Beruhigungsspritze bekam, gefolgt von einer Injektion, die Herz und Atem zum Stillstand bringt.

Das ganze Rudel war dabei und konnte sich von ihm verabschieden. Ich wollte es so gestalten, damit sie verstehen: Rocky geht seinen Weg, und es ist Zeit, loszulassen. Sie warteten nicht auf ihn, weil sie intuitiv spürten, dass er nicht zurückkehren würde.

Es war ein stiller, würdevoller Abschied, voller Liebe und Dankbarkeit für all die Jahre, die wir miteinander erleben durften. Ich habe geheult wie ein Schlosshund, aber ich wusste, es war die richtige Entscheidung. Rocky, mein Seelenhund, mein treuer Begleiter: Du wirst immer in meinem Herzen weiterleben.

Die Tage danach fühlten sich leer an, es war anders … es fehlte einer. Fast 13 Jahre waren wir beide ein Team gewesen, das ist ein eine lange Zeit.

Diese Entscheidung konnte mir keiner abnehmen, aber es war die richtige Entscheidung und ich war sie ihm schuldig. Bis zum letzten Atemzug war ich bei ihm und ich würde es wieder so machen. Der Mensch braucht länger, um damit fertig zu werden, seine Gedanken zu sortieren und mit seiner Trauer zurecht zu kommen.

Ich hatte das Gefühl, dass unser kleines Rudel ihn gar nicht vermisste – es schien fast so, als hätten sie schon gewusst, dass sein Abschied kommen würde. Tiere spüren wohl genau, wenn es bald so weit ist. Sie regeln vieles vorher schon auf ihre eigene Weise und sagen dann nur noch „tschüss“ und „gute Reise“.

Ich glaube auch, dass Tiere nicht lange in Trauer verweilen. Sie leben im Moment, und ihre Art, Abschied zu nehmen, ist oft ruhig, respektvoll und voller Weisheit.

Fast ein Jahr später musste ich meine Berner Hündin Laika gehen lassen mit nur fünf Jahren. Sie hatte Krebs und hatte das Fressen eingestellt. Da mussten wir die Entscheidung recht schnell treffen, weil sie uns sonst verhungert wäre. Aber auch sie hat mir deutlich gezeigt, es geht nicht mehr, der richtige Zeitpunkt ist gekommen.

Mit Laika hatte ich im Mai 2011 meinen ersten Wurf, und im November musste ich sie gehen lassen. Das war hart, in einem Jahr Geburt und Tod zu erleben. Zum Glück hatte ich Lilly aus dem Wurf behalten, sie gab mir damals viel Trost.

Leider ist der Tod heutzutage immer noch ein Tabu Thema, worüber nicht gerne und nicht viel geredet wird.

Ich habe gelernt, mit dem Tod umzugehen, dass er zu unserem Leben dazugehört und ich ihn akzeptieren muss. Es wird nicht leichter, aber ich habe gelernt, auf meine innere Stimme zu hören, die mir hilft, damit klarzukommen.

Im Herzen leben unsere Berner immer weiter … und wenn ich die Augen schließe, dann sehe ich all die schönen Momente, die ich mit meinem treuen Begleiter, meinem Berner gehabt habe, Momente, die mir keiner nehmen kann, Momente, die mir ein Lächeln ins Gesicht zaubern – weil ich sehr gerne an diese schöne Zeit zurückdenke, die wir miteinander erleben durften.

Auch an dem Tag, an dem ein neuer Berner einzieht, sind Rocky, der alte Freund, mein Herzenshund, Laika und Lilly nicht vergessen. Ich habe dann immer schnell die beiden, den verstorbenen Berner und den neuen Welpen, miteinander verglichen und immer wieder Gemeinsamkeiten festgestellt, die doch typisch für den Berner sind. Und genau die sind es, warum ich immer wieder einen Berner nehme.

Ich sage dann immer zu mir:

Einmal Berner – Immer Berner!

Resümee: Meine Traumrasse

„Als der liebe Gott den Berner Sennenhund erschaffen hatte, lehnte er sich zurück und lächelte!“

Ich kann ihn gut verstehen – denn mittlerweile begleiten mich sechs dieser wundervollen Hunde durch mein Leben.

„Einmal Berner – Immer Berner“

Wie oft habe ich diesen Spruch schon gehört und ja, es ist etwas Wahres dran. Jeder, der schon einmal einen Berner gehabt hat, möchte wieder einen haben. Jeder ist dieser Rasse verfallen. Es ist wie eine Sucht. Viele Kunden, deren Berner verstorben ist, brauchen immer etwas Zeit, um über den Tod des geliebten Wegbegleiters hinwegzukommen. Das ist auch normal, aber dann merken die Leute irgendwann, es fehlt etwas. Ich fliege nicht mehr über einen Berner drüber, weil ein Berner immer gerne im Weg liegt. Ich kann essen, ohne dass ich das Gefühl habe, ich werde beobachtet und jeder Bissen wird begutachtet. Bei vielen Bernern muss ich danach den Fußboden wischen, damit der halbe See, den er durchs Sabbern hinterlassen hat, entfernt wird. Es gibt abends am Sofa keinen Kampf mehr, wer zuerst auf dem Sofa war, oder ob ich und der Berner zu zweit auf das Sofa passen.

Alleine, wenn ich an den Kühlschrank gehe: Was habe ich mir für Taktiken einfallen lassen, um den Berner auszutricksen, damit er nicht merkt, dass ich an den Kühlschrank gehe. Wie oft habe ich mich erwischt und gedacht: „geschafft“ – und wenn ich die Kühlschranktür zumachte, schauten mich zwei dicke Kulleraugen an mit einem tiefen Blick: „Juhu Mutti, ich habe es gehört. Bekomme ich auch ein Leckerli?“

Alleine das kann man nur vermissen, wenn kein Berner mehr im Haus ist.

Dieser Blick, dieses niedliche Kopfdrehen und unschuldige Schauen – es ist keiner mehr da, der im Weg liegt, der einen zum Lachen bringt, der einen zum Schmelzen bringt.

Der Berner ist einmalig: Jeder ist beeindruckt von den löwenähnlichen Hunden mit ihrer beeindruckenden Mähne, ihrem glänzenden Fell, ihrer Anhänglichkeit und ihrem einnehmenden Wesen. Wie oft stand jemand bei meinen Bernern und hat diese gekuschelt und gesagt: „Schau mal, die mögen mich." Ich muss dann immer lachen und sagen, dass sie das bei jedem machen würden, der sie kuschelt ... ohne Ausnahme.

Der Berner ist eins der größten Kuschelmonster, die ich je erlebt habe. Sie versuchen, in jeder Situation gekuschelt zu werden: Wenn sie beim Spazierengehen plötzlich ihre Nase unter deine Hand schieben, oder wenn du etwas aufheben möchtest und sie mit vollem Körpereinsatz helfen wollen, um nebenbei, vielleicht so als Belohnung, noch eine kleine Kuscheleinheit zu bekommen. Wie langweilig ist es, wenn keiner mehr da ist und helfen möchte.

Eine Kundin hat mal gesagt: Mach dir keine Sorgen, du hast einen Berner. Wenn du ihn nicht mehr auf den Schoss nehmen kannst, wird er sich auf deinen Schoss schmeißen, als wäre er ein Chihuahua. Berner checken ja nicht, dass sie irgendwie wachsen. Ihr Verständnis für deine Atemnot, wenn sie auf dir liegen, hält sich in Grenzen, sie ignorieren deine missliche Lage unter ihrem Gewicht mit einem freundlichen Berner-Lächeln, während du nach Luft schnappst – versprochen!

Mareike, Mama von Higgens, sagte: „Wer einmal vom Berner-Virus gepackt wurde, der kann sich niemals mehr ein Leben ohne diese dreifarbigen Hunde vorstellen."

Beate Forsbach schrieb in ihrem Buch „Und dann kam Frieda": „Als meine Seelenhündin Senta starb, schien die Welt unterzugeben und ich konnte mir kaum vorstellen, wieder einen neuen Berner zu haben."

Nun ist ihre Frieda schon drei Jahre alt und die beiden sind ein Traumpaar geworden.

Ich persönlich könnte mich nicht für eine andere große Hunderasse entscheiden. Der Berner ist in seinem Wesen freundlich, sensibel, aber auch stur und dickköpfig. Eine gesunde Mischung aus allem macht einen guten Berner aus.

Wenn ich als Züchterin Besuch von Kunden bekomme, die schon einmal einen Berner hatten, der nun leider verstorben ist, dann brauche ich oft nicht viel zu erzählen oder zu erklären. Die Kunden sagen sehr schnell: „Naja, halt typisch Berner“, sie lächeln und haben ein Leuchten in den Augen.

Jeder Berner ist zwar anders in seinem Aussehen und in seinem Charakter, aber im Inneren sind alle gleich. Sie haben alle das Herz am rechten Fleck, können sensible Riesen sein, verpackt mit einem Komiker, ja, sie sind immer zu einem Späßchen aufgelegt und bringen ihre Besitzer zum Schmunzeln.

Beate Forsbach hat mich mal gefragt, wie ich mich je von all den Welpen trennen kann und ich habe zu ihr gesagt: „Es gibt nichts Schöneres, wenn ich die Leute glücklich machen kann und sie durch einen Berner ein Leuchten in die Augen bekommen und ein Lächeln im Gesicht.

Daraufhin hat Beate gesagt: „Ja, die Augen leuchten und das Herz singt.“

Ein Berner ist ein Seelenhund. Jeder, den ich gefragt habe, hat das bestätigt. Ich habe mich immer blind mit meinen Bernern verstanden. Ob es ein Kopfnicken ist oder ein Räuspern. Sie verstehen mich, sie wissen genau, was ich von ihnen möchte. Sie sind einfach einzigartig. Sie reden mit dir und verstehen dich. Ich bin mit meinen Bernern ein richtiges Team geworden. Chaotisch, aber auch entspannt, fröhlich und cool.

Ein Berner ist ein Hüte- und Wachhund, aber zugleich auch ein Familienhund. Er passt sich mit seiner ruhigen ausgeglichenen Art immer der Situation an, er ist stets treu und zuverlässig an deiner Seite. Er geht mit dir durch dick und dünn und ist unglaublich loyal dabei.

Ich kann immer wieder beobachten, dass der Berner sehr kontaktfreudig ist, vor allem wenn Leute zum ersten Mal auf unseren Hof kommen und die Berner kennenlernen wollen. Spätestens, wenn sich ein Berner auf die Füße der Leute setzt, denken immer alle: „Er mag mich." Ja, das macht der Berner aber bei allen Menschen, die ihn streicheln.

Sabine Koslowski schreibt in ihrem Buch „Schweizer Sennenhunde": „Er ist ein kontaktfreudiger Hund, der stets etwas zum Anlehnen sucht. Befindet man sich wartender Weise in einer Menschengruppe, so wärmt er garantiert irgendjemanden die Füße, indem er einfach darauf sitzt und sich anlehnt. Und das können ihm vollkommen fremde Personen sein."

Ein Berner schenkt dir täglich ein Lächeln ins Gesicht. Ich kann ihnen nie wirklich böse sein, gerade im Welpenalter, wenn diese plüschigen Wesen mich mit ihren großen Kulleraugen anschauen und sagen: „Mutti, ich war das nicht."

Wer kann schon einem Berner widerstehen …

Oh ja, ich habe ein Fell-Abo und Fellmäuse in der Wohnung, aber dagegen steht ein treuer Partner, ein Quatschkopf, ein sensibler Riese auf vier Pfoten, ein Tollpatsch, ein Dickkopf und erzeugt bei mir täglich ein Lächeln, das mir das Leben verzaubert.

Viele Leute, auch Tierärzte, sagen: „Bloß keinen Berner, die sind immer krank und werden nicht alt." Wir als Züchter versuchen, das durch gute und gesunde Hündinnen in den Griff zu bekommen. Der Berner ist ein großer, schwerer Hund und erreicht in einem Jahr seine Körpergröße. Das ist nicht besonders vorteilhaft. Eine Dogge wird im Durchschnitt nur sechs Jahre alt. Ein Berner Sennenhund wird im Durchschnitt 8-10 Jahre alt, im Grunde also der Größe entsprechend.

Natürlich möchten wir Menschen, dass unsere Berner 100 Jahre alt werden …

Ich liebe diese Rasse und im Herzen werden alle unsere Berner 100 Jahre alt.

Berner sind Seelenhunde, sie passen auf uns auf. Sie sind da für uns und bringen uns ein Lächeln ins Gesicht. Meine Welpen Käufer haben leuchtende Augen, wenn es um ihr Baby geht, beim ersten Mal oder auch beim Abholen.

Es gibt in der Natur die dreifarbige (tricolor) Katze, die sogenannte Glückskatze. Der Berner Sennenhund ist auch dreifarbig (tricolor), also dann ein Glückshund.

Einmal Berner – Immer Berner!

Danke

Ich bedanke mich ganz herzlich bei dir, liebe Beate, dass du mir diese Chance gegeben hast, mein Berner Sennen Buch zu schreiben.

Es war eine spannende und aufregende Reise. Ich bin immer noch total im Berner Fieber. Ich hoffe, dass viele Berner Freunde dieses Buch kaufen und lesen und dann ein Lächeln im Gesicht haben und sagen: Einmal Berner – Immer Berner.

Ich habe nun seit 1998 einen bzw. mehrere Berner an meiner Seite und ich genieße es immer wieder, diese Rasse auch zu züchten. Am allerschönsten ist es, wenn die neuen Bernerkunden das erste Mal ihren Berner in den Händen halten mit einem irren Grinsen im Gesicht und sich so unfassbar freuen, das gibt es gar nicht.

Ich bedanke mich überglücklich bei meinen Berner Sennenhunden Rentnerin Nike, Rentner Phil, Bibi, Lisa, Kira und Jungspund Hasko, die ich täglich um mich habe.

Einen dicken Kuss an Anuk, Daisy und Mimi und tausend Dank an eure neuen Familien, bei denen ihr so ein tolles 5-Sterne-Zuhause gefunden habt. Es ist so schön für euch. Ich bedanke mich und denke immer ganz fest an euch.

In Memory an Rocky, Laika und Lilly (natürlich auch an Cassy).

Ich bin überglücklich, dass ich die Chance habe, hier meinen Traum von der Zucht der Berner Sennenhunde zu leben. Es ist nie leicht und wir haben schon viele Rückschläge erlebt und einstecken müssen, aber für diese kleinen Plüschmonster lohnt sich all diese Mühe.

Ganz herzlich möchte ich mich bei Vivien Marter und Anouk Peter bedanken. Sie springen immer wieder ein, wenn ich einen Babysitter für meine Berner brauche. Auch bei dem Buch haben sie mir wieder geholfen, mit der Technik klarzukommen. Anouk macht die wunderschönen Bilder und Vivi teilt sich super gerne mit Phili das Sofa.

Ein großes Dankeschön geht an meine langjährige Freundin Andrea Klasen und ihren Mann Willi, die immer hinter mir stehen, mir mit Rat und Tat helfen und auch mal einspringen, falls Not am Mann ist. Vielen lieben Dank!

Ein Dank geht an meine Tierärzte in der Parkallee Ahrensburg und an die Kleintierpraxis Dr. Heilmann in Bargteheide, die sich immer mit viel Engagement und Liebe um meine Berner kümmern und auch immer wieder zu mir nach Hause kommen, um die Welpen zu chippen und zu impfen.

Auch möchte ich mich bei den Inhabern meines Hundeladens Tiedemann in Bargteheide bedanken, die mir immer mit Rat und Tat zur Seite stehen. Ebenfalls bei meinem Futterlieferanten Reico, da vor allem bei Ulli und Suzann, die mir immer wieder geholfen haben mit dem Futter, wie ich was wo einsetzen kann.

Ganz herzlich möchte ich mich bei meiner Familie und meinen Freunden bedanken, die immer für mich da sind und hinter mir stehen, helfen, wo sie können, obwohl sie immer erst nach den Tieren dran sind.

Ein großer Dank geht an all meine Mitarbeiter von der Reitanlage und an die Mitglieder der DRK Rettungshundestaffel Reinbek, die immer auf mich warten müssen, weil ich mal wieder unpünktlich bin.

Lieben Dank an Kristin, dass sie so lieb war und alles einmal durchgelesen und freigegeben hat.

Bei allen, die ich jetzt namentlich vergessen habe zu erwähnen, möchte ich mich auch noch einmal bedanken.

Ich hätte es nie gedacht, dass es irgendwann mal Ernst wird und ich wirklich dieses Buch schreibe. Erst wollte ich ein Buch zum Thema „Das Leben ist kein Ponyhof“ schreiben, aber ich entschied mich jetzt erstmal, über meine große Leidenschaft, die Berner zu schreiben.

Mir ist es wichtig, mit diesem Buch viele Leute zu erreichen, die diese Rasse lieben oder sie erst einmal kennenlernen wollen: den großen Teddybären, das Plüschmonster, das Kuschelmonster oder das Bärli. Ich liebe sie alle.

Es ist mein Herzensprojekt über meinen Herzenshund. Diese Rasse schenkt mir täglich ein Lächeln ins Gesicht und ist das Beste, was mir passieren konnte: Einmal Berner – Immer Berner.

Delingsdorf, im Oktober 2025 Frauke Daerr

Zur Autorin

Frauke Daerr, geb. 4.7.1972 in Lübeck, lebt in Delingsdorf/Schleswig-Holstein auf ihrem eigenen Reiterhof.

Seit 1998 hat sie Berner Sennenhunde. Rocky, ihr erster Berner Rüde, ist fast 13 Jahre alt geworden. Sie kaufte ihn in der Eifel und zog mit ihm auf eine Reitanlage in Wahrendorf bei Lensahn.

Nach sieben Jahren gepachtetem Hof betreibt die staatlich anerkannte Erzieherin und Diplom-Sozialpädagogin seit Oktober 2005 ihren eigenen Reit- und Ferienhof Delingsdorf bei Bargteheide. Dort züchtet sie seit 2011 Berner Sennenhunde.

Sie ist nicht nur Züchterin, sondern eine echte Berner-Expertin. Mittlerweile hat sie ihren 12. Berner und lebt zur Zeit mit sechs Bernern zusammen: Deckrüde Phil 2017 Rente, Nike 2017 Rente, Bibi 2021, Lisa 2022, Jakira 2024, Hasko 2025.

Ihre Berner leben alle mit im Haus, es sind Familienhunde. Sie sind aber auch Wach- und Hütehunde und können das auf dem Reiterhof jeden Tag ausleben.

Frauke Daerr liebt diese Rasse, den Charakter, die Farbe und das Gemüt: auf der einen Seite diese Ruhe und Dickfälligkeit, auf der anderen Seite das wache und „ich bin der Mittelpunkt". Und das Kuscheln: Der Berner glaubt, auch wenn er schon ausgewachsen ist, dass er noch ein Schoßhund ist.

Es sind große Teddybären mit dem Herzen am rechten Fleck ... aber auch Wachhunde, Rettungshunde oder Therapiehunde. Der Berner kann sehr vielseitig sein und möchte es einem immer recht machen.

Zum Buch von Beate Forsbach „Und dann kam Frieda. Ein etwas anderes Welpenbuch" schrieb sie Tipps auf und machte so ihre ersten Erfahrungen in der Bücherwelt.

Nun hat sie ihr erstes eigenes Buch geschrieben: „Einmal Berner – Immer Berner. Das Leben mit einem Berner Sennenhund". Sie schreibt in diesem Buch über ihre Erfahrungen mit der Rasse und das Leben mit einem Berner Sennenhund bzw. mit mehreren. Sie liebt diese Rasse über alles.

Kontakt:

Frauke Daerr

Lübecker Straße 30a
22941 Delingsdorf

Mobil: 0171/ 23 10 352
E-Mail: reitstall.daerr@freenet.de

Berner-Homepage: berner-von-delingsdorf.de
Homepage Reitstall: www.reitstall-daerr.de

Auswahlbibliographie

Forsbach, Beate; Daerr, Frauke: *Und dann kam Frieda. Ein etwas anderes Welpenbuch.* Edition Forsbach, Bamberg 2024

Haug, Alexandra: *Berner Sennenhunde.* Ulmer, Stuttgart 1998

Koslowski, Sabine: *Schweizer Sennenhunde. Appenzeller, Berner, Entlebucher, Großer Schweizer.* 4. Auflage, Oertel+ Spöres, Reutlingen 2017

Lauer, Isabella: *Berner Sennenhund. Charakter, Erziehung, Gesundheit.* Cadmos, München 1999

Schneider- Weissbaum, Anita: *Berner Sennenhund. Das Große Rassehandbuch.* Müller Rüschlikon Verlag, Stuttgart 2007

Internetseiten

Berner Sennenhund: Charakter und Wesen www.bernersennenhund.de/berner-sennenhund-charakter-wesen/

Berner Sennenhund: Wesen Prof. Dr. Bernd Günter www.bernersennenhund.ch/wesen

Berner Sennenhund www.google.de

Schule und Unterricht Warum ein Schulhund? www.betzold.de/blog/schulhund/

Zooplus Magazin Therapiehund. www.zooplus.de/magazin/hund/hundeerziehung/therapiehunde

Beate Forsbach & Conny Lobe:

Spaziergänge mit Frieda

Gemeinsam entdecken wir unsere Welt

14,8 x 21 cm, ca. 160 Seiten mit farbigen Abbildungen

ISBN 978-3-95904-266-6
Edition Forsbach 2025

Als Beate Forsbach mit 70 Jahren noch einmal einen Welpen zu sich nahm, ahnte sie nicht, wie sehr dieses kleine Wesen ihr Leben verändern würde. Eigentlich wollte sie nur eines: ihre geliebte Seelenhündin Senta zurück. Doch dann kam Frieda – temperamentvoll, wild und voller Lebensfreude.

Die ersten Monate waren turbulent. Beate schrieb darüber das Buch „Und dann kam Frieda. Ein etwas anderes Welpenbuch" – und dachte, damit sei ihre Geschichte erzählt. Doch das wahre Abenteuer begann erst danach.

Mit Frieda an ihrer Seite wagte Beate einen neuen Weg. Gegen viele Ratschläge und gut gemeinte Meinungen entschied sie: Wir schaffen das gemeinsam. Sie trainierte monatelang den „strukturierten Spaziergang" nach der Methode von Hundeexperte José Arce. Schritt für Schritt wuchsen Vertrauen, Verbindung und Stärke – auf beiden Seiten der Leine.

Gerade in schwierigen Zeiten wurde die Verbindung zu Frieda noch tiefer. Unterstützung fand Beate in Friedas Hundepatentante Conny – eine klare Autorität für Frieda und eine verlässliche Freundin für Beate.

Dieses Buch erzählt von einer besonderen Freundschaft zwischen Mensch und Hund, vom Älterwerden mit Kraft und Mut – und davon, wie man gemeinsam eine neue Welt entdecken kann. Denn manchmal beginnt das Leben noch einmal ganz neu – mit einem Spaziergang.

Und dann kam Frieda
Ein etwas anderes Welpenbuch
Beate Forsbach & Frauke Daerr
Geleitwort von José Arce
Edition Forsbach

Als meine Seelenhündin Senta starb, schien die Welt unterzugehen und ich konnte mir kaum vorstellen, wieder einen neuen Berner Sennenhund zu haben.

Bis zu dem Tag, gut einen Monat nach meinem 70. Geburtstag, als ich die *Berner Sennenhunde von Delingsdorf* mit ihrer Züchterin *Frauke Daerr* entdeckte. Es hatte gefunkt - und schon am selben Abend schrieb Frauke mir zu meinem Buch *Senta & ich:* Und enden wird es mit dem Kapitel *Und dann kam Frieda ...*

In diesem Buch beschreibe ich meine Vorbereitung auf Frieda, die aufregende und turbulente Welpenzeit, die Erlebnisse mit der temperamentvollen Junghündin sowie viele Glücksmomente.

Gemeinsam mit der Züchterin Frauke Daerr gebe ich praktische Tipps, insbesondere für ältere Menschen, die noch einmal einen Welpen großziehen möchten. Denn „zu alt" ist man erst, wenn man sich nicht mehr verändern möchte und einem der Lebensmut abhanden gekommen ist.

Der Hundeexperte José Arce hat das Geleitwort zu diesem Buch geschrieben. Sein Welpenbuch war sehr hilfreich für mich. Danke!

FSC
www.fsc.org
MIX
Papier | Fördert
gute Waldnutzung
FSC® C083411

Zeitfracht Medien GmbH
Ferdinand-Jühlke-Straße 7
99095 Erfurt, Deutschland
produktsicherheit@kolibri360.de